智能制造技术专业"十三五"规划教材
产教融合系列教程
应用型人才终身学习计划

智能协作机器人技术应用初级教程
（FRANKA）

主　编　[德]刘恩德　张明文

副主编　朱亦玮　冷忠权　张　勇

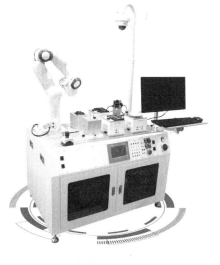

http://www.irobot-edu.com

教学视频+电子教案+技术交流论坛

哈尔滨工业大学出版社
HARBIN INSTITUTE OF TECHNOLOGY PRESS

内 容 简 介

本书基于FRANKA智能协作机器人，从智能协作机器人应用过程中需掌握的技能出发，由浅入深、循序渐进地介绍FRANKA机器人入门实用知识。从智能协作机器人的发展切入，配合丰富的实物图片，系统地介绍FRANKA机器人的安全操作注意事项、首次拆箱安装、启动机器人、用户登录、基本操作、机器人指令介绍与编程基础等实用知识；基于具体案例，讲解FRANKA机器人系统的编程、调试过程。通过学习本书，读者可对智能协作机器人的实际使用过程有一个全面、清晰的认识。

本书图文并茂、通俗易懂，具有很强的实用性和可操作性，既可作为高等院校和中高职院校智能协作机器人相关专业的教材，又可作为机器人培训机构用书，同时可供相关行业的技术人员参考。

图书在版编目（CIP）数据

智能协作机器人技术应用初级教程：FRANKA /（德）刘恩德，张明文主编. —哈尔滨：哈尔滨工业大学出版社，2023.3

产教融合系列教程

ISBN 978-7-5767-0706-9

Ⅰ. ①智… Ⅱ. ①刘… ②张… Ⅲ. ①智能机器人—教材 Ⅳ. ①TP242.6

中国国家版本馆 CIP 数据核字（2023）第 041596 号

策划编辑　王桂芝　张　荣
责任编辑　陈雪巍　刘　威
出版发行　哈尔滨工业大学出版社
社　　址　哈尔滨市南岗区复华四道街 10 号　邮编 150006
传　　真　0451-86414749
网　　址　http://hitpress.hit.edu.cn
印　　刷　辽宁新华印务有限公司
开　　本　787 mm×1 092 mm　1/16　印张 15.5　字数 368 千字
版　　次　2023 年 3 月第 1 版　2023 年 3 月第 1 次印刷
书　　号　ISBN 978-7-5767-0706-9
定　　价　54.00 元

编审委员会

前　言

　　机器人是先进制造业的重要支撑装备，也是未来智能制造业的关键切入点，智能协作机器人作为机器人家族中的重要一员，已被广泛应用。机器人的研发和产业化应用是衡量一个国家科技创新和高端制造业发展水平的重要标志，很多国家已经把机器人产业发展作为抢占未来制造业市场、提升竞争力的重要途径。在汽车工业、电子电气、工程机械等众多行业大量使用机器人自动化生产线，在保证产品质量的同时，改善了工作环境，提高了社会生产效率，有力推动了企业和社会生产力发展。

　　当前，随着我国劳动力成本快速上涨，人口红利逐渐消失，生产方式向柔性、智能、精细转变，构建新型智能制造体系迫在眉睫，对工业机器人的需求呈现大幅增长。大力发展机器人产业，对于打造我国制造业新优势，推动工业转型升级，加快制造强国建设，改善人民生活水平具有深远意义。

　　在全球范围内的制造产业战略转型期，我国机器人产业迎来爆发性的发展机遇，然而，现阶段机器人领域人才供需失衡，缺乏经系统培训的、能熟练安全使用和维护机器人的专业人才。针对这一现状，为了更好地推广机器人技术的应用，亟需编写一本系统全面的机器人入门实用教材。

　　本书以 FRANKA 机器人为主，结合江苏海渡教育科技集团有限公司的工业机器人技能考核实训台（标准版），包含基础理论与项目应用两大部分。遵循"由简入繁、软硬结合、循序渐进"的编写原则，依据初学者的学习需要，科学设置知识点，结合实训台典型实例讲解，倡导实用性教学，有助于激发学习兴趣，提高教学效率，便于初学者在短时间内全面、系统地了解机器人操作常识。

　　本书图文并茂、通俗易懂，具有很强的实用性，既可以作为高等院校和中高职院校智能协作机器人相关专业的教材，又可作为机器人培训机构培训用书，同时可供相关行业的技术人员参考。

机器人技术专业具有知识面广、实操性强等显著特点。为了提高教学效果，在教学方法上，建议采用启发式教学，开放性学习，重视实操演练、小组讨论；在学习过程中，建议结合本书配套的教学辅助资源，如六轴机器人实训台、教学课件及视频素材、教学参考与拓展资料等。以上资源可通过书末所附"教学资源获取单"咨询获取。

限于编者水平，书中难免存在不足，敬请诸位读者批评指正。若有任何疑问可反馈至邮箱：edubot@hitrobotgroup.com。

编　者

2023 年 1 月

目　　录

第一部分　基础理论

第二部分 项目应用

第一部分 基础理论

第1章 智能协作机器人概述

1.1 智能协作机器人行业概况

当前，新科技革命和产业变革兴起，全球制造业正处在巨大的变革之中。《"十四五"智能制造发展规划》提出，到 2025 年，规模以上制造业企业大部分实现数字化网络化，

❋ 智能协作机器人概述

重点行业骨干企业初步应用智能化；到 2035 年，规模以上制造业企业全面普及数字化网络化，重点行业骨干企业基本实现智能化。《"十四五"机器人产业发展规划》提出，到 2025 年，中国将成为全球机器人技术创新策源地、高端制造集聚地和集成应用新高地，机器人产业营业收入年均增速超过 20%，制造业机器人密度实现翻番。

随着"工业 4.0"时代的来临，全球机器人企业也在面临各种新的挑战：一方面，有赖于劳动力密集型的低成本运营模式，技术熟练的工人使用成本快速增加；另一方面，服务化及规模化定制的产品供给，使制造商必须尽快适应更加灵活、周期更短、量产更快、更本土化的生产和设计方案。

在这两大挑战下，传统工业机器人使用起来并不方便：价格昂贵、成本超预算，而且需要根据专用的安装区域和使用空间专门设计；固定的工位布局，不方便移动和变化；烦琐的编程示教控制，需要专人使用；缺少环境感知能力，在与人一起工作的同时要求设置安全栅栏。

因此，在传统的工业机器人逐渐取代单调、重复性高、危险性强的工作之时，能够感知环境、与人协作的机器人也在慢慢渗入各个工业领域，与人共同工作。

据高工产业研究院（GGII）机器人产业研究所数据显示，2016 年我国协作机器人销量为 2 300 台，市场规模为 3.6 亿元；到 2020 年，我国协作机器人销量已达 9 900 台，市场规模为 11.53 亿元；2015～2020 年，协作机器人销量及市场规模年均复合增长率分别为 55.18% 和 42.53%。如图 1.1 所示（数据来源：高工机器人网），未来几年，在市场需求的作用下，我国市场智能协作机器人厂商将开始逐渐放量，智能协作机器人销量及市场规模会进一步扩大，预计到 2025 年，销量有望突破 6 万台，市场规模达到 45 亿元，复合年均增长率超过 30%。

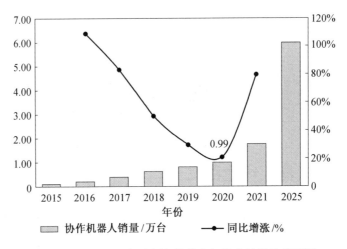

图 1.1　2015～2025 年我国智能协作机器人销量及其预测

协作机器人作为工业机器人的一个重要分支，将迎来爆发性发展态势，同时带来对协作机器人行业人才的大量需求，培养协作机器人行业人才迫在眉睫。而协作机器人行业的多品牌竞争局面，促使学习者根据行业特点和市场需求，合理选择学习和使用协作机器人品牌，从而提高自身职业技能和竞争力。

1.2　智能协作机器人定义及特点

协作机器人（Collaborative Robot），简称 cobot 或 co-robot，是为与人直接交互而设计的机器人，即一种被设计成能与人类在共同工作空间中进行近距离互动的机器人。

传统工业机器人是在安全围栏或其他保护措施之下，完成诸如焊接、喷涂、搬运码垛、抛光打磨等高精度、高速度的操作。而智能协作机器人打破了传统的全手动和全自动的生产模式，能够直接与操作人员在同一条生产线上工作，却不需要使用安全围栏与人隔离，如图 1.2 所示。

图 1.2　智能协作机器人在没有安全围栏的环境下工作

协作机器人的主要特点有：

➢ 轻量化。使机器人更易于控制，提高安全性。

➢ 友好性。保证机器人的表面和关节是光滑且平整的，无尖锐的转角或者易夹伤操作人员的缝隙。

➢ 部署灵活。机身能够缩小到可放置在工作台上的尺寸，可安装于任何地方。

➢ 感知能力。能感知周围的环境，并根据环境的变化改变自身的动作行为。

➢ 人机协作。在风险评估后可以不安装安全围栏，使人和机器人能协同工作。

➢ 编程方便。对于一些普通操作者和非技术背景的人员来说，非常容易进行编程与调试。

➢ 使用成本低。基本不需要维护保养的成本投入，机器人本体功耗较低。

智能协作机器人与传统工业机器人的特点对比见表 1.1。

表 1.1　智能协作机器人与传统工业机器人的特点对比

特点	智能协作机器人	传统工业机器人
目标市场	中小企业、适应柔性化生产要求的企业	大规模生产企业
生产模式	个性化、中小批量的小型生产线或人机混线的半自动场合	单一品种、大批量、周期性强、高节拍的全自动生产线
工业环境	可移动并与人协作	固定安装且与人隔离
操作环境	编程简单直观、可拖动示教	专业人员编程、机器示教再现
常用领域	精密装配、检测、产品包装、抛光打磨等	焊接、喷涂、搬运码垛等

智能协作机器人是整个工业机器人产业链中一个非常重要的细分类别，有它独特的优势，但缺点也很明显：

➤ 速度慢。为了保障控制力和碰撞能力，智能协作机器人的运行速度比较慢，通常只有传统工业机器人的 1/3～1/2。

➤ 精度低。为了减少机器人运动时的动能，协作机器人一般质量比较轻，结构相对简单，这就造成整个机器人的刚性不足，其定位精度相比传统机器人的定位精度差 1 个数量级。

➤ 负载小。低自重、低能量的要求，导致协作机器人体型都很小，负载一般在 10 kg以下，工作范围只与人的手臂相当，很多场合无法使用。

1.3 智能协作机器人概况

1.3.1 智能协作机器人发展概况

协作机器人的发展起步于 20 世纪 90 年代，大致经历了 3 个阶段：概念期、萌芽期和发展期。

1. 概念期

1995 年 5 月，世界上第一台商业化人机协作机器人——WAM 机器人首次在美国国家航空航天局肯尼迪航天中心公开亮相，如图 1.3 所示。

1996 年，美国西北大学的 J.Edward Colgate 教授和 Michael Peshkin 教授首次提出了协作机器人的概念并申请了专利。

2. 萌芽期

2003 年，德国宇航中心的机器人学及机电一体化研究所与 KUKA 公司联手，产品从轻量型机器人向工业协作机器人转型，所研发的 DLR 的三代轻量机械臂如图 1.4 所示。

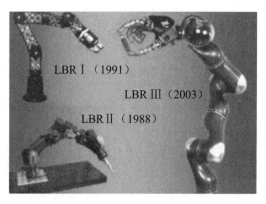

图 1.3　WAM 机器人　　　　　　　　　图 1.4　DLR 的三代轻量机械臂

2005 年，致力于通过机器人技术增强小中型企业劳动力水平的"SME Project"项目开展，协作机器人在工业应用中迎来发展契机；同年，智能协作机器人企业 Universal Robots（优傲机器人）在南丹麦大学创办。

2008 年，Universal Robots 推出世界上第一款智能协作机器人产品 UR5；同年，智能协作机器人企业 Rethink Robotics 成立。

3. 发展期

2014 年，ABB 发布首台人机协作的双臂机器人 YuMi，KUKA、FANUC、YASKAWA 等多家工业机器人厂商相继推出智能协作机器人产品。

2016 年，国内相关企业快速发展，相继推出智能协作机器人产品；同年，国际标准化组织（ISO）推出 ISO/TS 15066：2016，明确协作机器人环境中的相关安全技术规范。

ISO 针对智能协作机器人所发布的最新工业标准 *Robots and robotic devices-Collaborative robots*（ISO/TS 15066：2016）中规定，所有智能协作机器人产品必须通过此标准认证才能在市场上发售。

德国宇航中心经过多年的科研积累和技术转移，在慕尼黑创办了独立的智能协作机器人公司 FRANKA EMIKA，并发布了首款关节力控型智能协作机器人，后接连获得德国未来奖、德国创新奖、IF 设计奖等多项国际大奖。

至此，协作机器人在标准化生产的道路上步入正轨，开启了协作机器人发展的元年。

1.3.2　智能协作机器人简介

目前的协作机器人市场仍处于起步发展阶段，现有公开数据显示，目前全球已经有超过 50 家机器人公司研发出各种智能协作机器人。根据机器人的结构及功能，本书选取 5 款智能协作机器人进行简要介绍，其中包括 Universal Robots 的 UR5、KUKA 的 LBR iiwa、ABB 的 YuMi，FANUC 的 CR-35iA 和 FRANKA。

1. UR5

UR5 六轴协作机器人是 Universal Robots 于 2009 年推出的全球首款智能协作机器人，如图 1.5 所示。UR5 采用其自主研发的 Poly Scope 机器人系统，该系统操作简便，容易掌握，即使没有任何编程经验，也可当场完成调试并实现运行。

UR5 轻巧、节省空间，易于重新部署在多个应用程序中，不会改变生产布局，使工作人员能够通过机器人灵活地自动处理几乎任何手动作业，包括小批量或快速切换作业。该机器人能够在无安全保护防护装置、周边无人工操作员的情况下运转。图 1.6 所示为 UR5 在 3C 行业中移动、拧紧产品。

6

图 1.5 UR5

图 1.6 UR5 在 3C 行业中的应用

2. LBR iiwa

LBR iiwa 是 KUKA 开发的第一款量产灵敏型机器人，也是具有人机协作能力的机器人，如图 1.7 所示。该款机器人具有突破性构造的七轴手臂，使用智能控制技术、高性能传感器和最先进的软件技术。所有的轴都具有高性能碰撞检测功能和集成的关节力矩传感器，可以立即识别接触，并立即降低力和速度。

LBR iiwa 能感知和测量正确的安装位置，以最高精度极其快速地安装工件，并且与轴相关的力矩精度达到最大力矩的±2%，特别适用于对柔性、灵活度和精准度要求较高的行业，如电子、医药、精密仪器等行业，可满足许多工业生产中的操作需要。图 1.8 所示为 LBR iiwa 在汽车公司生产线上作业。

图 1.7 LBR iiwa

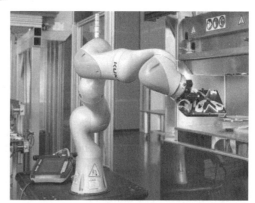

图 1.8 LBR iiwa 在汽车公司生产线上作业

3. YuMi

YuMi 是 ABB 首款协作机器人，如图 1.9 所示，该机器人自身拥有双七轴手臂，工作范围大，精确自主，同时采用了"固有安全级"设计，拥有软垫包裹的机械臂、力传感器和嵌入式安全系统，因此可以与人类并肩工作，没有任何障碍。它能在极狭小的空间内像人一样灵巧地执行小件装配所要求的动作，可最大限度节省厂房占用面积，还能直接装入原本为人设计的操作工位。

　　YuMi 的名字来源于英文"you"（你）和"me"（我）的组合。YuMi 主要用于小组件及元器件的组装，如机械手表的精密部件，手机、平板电脑以及台式电脑的零部件等，如图 1.10 所示。整个装配解决方案包括自适应的手、灵活的零部件上料机、控制力传感、视觉指导和 ABB 的监控及软件技术。

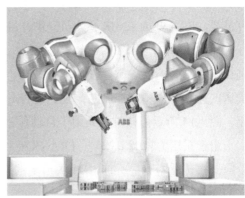

图 1.9　YuMi　　　　　　　　　　　　　图 1.10　YuMi 用于小零件装配作业

4. CR-35iA

　　2015 年，FANUC 在我国正式推出全球负载最大的六轴协作机器人 CR-35iA，如图 1.11 所示，创立了智能协作机器人领域的新标杆。CR-35iA 机器人整个机身由绿色软护罩包裹，内置 INVision 视觉系统，同时具有意外接触停止功能。它外接 R-30iB 控制器，支持拖动示教。CR-35iA 可以说是协作机器人中的"绿巨人"。

　　为实现高负载，FANUC 公司没有采用轻量化设计，而是在传统工业机器人的基础上进行了改装升级。CR-35iA 可协同工人完成重零件的搬运及装配工作，例如组装汽车轮胎或向机床搬运工件等，如图 1.12 所示。

图 1.11　CR-35iA　　　　　　　　　　图 1.12　CR-35iA 用于组装汽车轮胎

5. FRANKA

FRANKA EMIKA 是德国慕尼黑的一家深科技公司，以世界上较先进的机器人系统重新定义了机器人技术。为了实现高性能和易用性，将以人为本的设计与较成熟的相关工程技术完美结合，推出了 FRANKA 这款技术杰作，如图 1.13 所示。最高水平的机电一体化技术、卓越的软体机器人性能、先进的可扩展功能——这些优点在该产品上展现了前所未有的可用性、极高的性价比和无限的可扩展性。它兼顾研究与应用，为了满足研究需要，FRANKA EMIKA 公司提供开源接口（FCI），用户可通过 C++和 ROS 进行编程。而为了方便使用，FRANKA 内置的机器人控制系统可以通过 Web 页面和内置的 APP 进行操作，且不要求掌握任何编程技巧。此外，该机器人灵敏度高，针对大多数重复且单调的操作，如精细控制的装配、旋拧和连接以及测试、检查和组装，实现了完全自动化。图 1.14 所示为该机器人用于自动化紧固螺钉。

由于采用力矩调节控制，FRANKA 相比常规机械手臂拥有更高的灵活性。它能够使用应变式传感器测量所有 7 个关节上的扭矩，哪怕再轻微的碰撞都能检测出来，这使得它的安全性非常好。

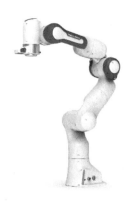

图 1.13　FRANKA

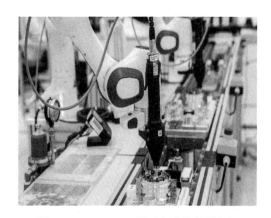

图 1.14　FRANKA 用于自动化紧固螺钉

1.3.3　智能协作机器人的发展趋势

协作机器人除了在机体的设计上变得更轻巧易用之外，其发展已呈现如下趋势。

1. 提升产品质量以获得产业的良性循环

随着行业的发展，越来越多的国产配套厂家在与机器人本体厂家的磨合中提升了自己的产品质量，使得产业良性循环得以继续。

2. 模块化设计

模块化设计概念在智能协作机器人上体现得尤为突出。快速可重构的模块化关节为国内厂家提供了一种新思路，加速了协作机器人的设计。用户可以把更多的精力放到控制器、示教器等其他核心部分的研究中。随着关节模块内零部件国产化的普及，协作机器人的成本也在逐年降低。

3. 机械结构的仿生化

协作机器人机械臂越接近人手臂的结构，其灵活度就越高，越适合处理相对精细的任务，如生产流水线上的辅助工人分拣、装配等操作。三指变胞手、柔性仿生机械手，都属于提高协作机器人抓取能力的前沿技术。

4. 机器人系统生态化

协作机器人可以吸引第三方开发围绕机器人的成熟工具和软件，如复杂的工具、机器人外围设备接口等，有助于降低机器人应用中的配置难度，提升使用效率。

5. 市场定位逐渐清晰

个性化定制和柔性化生产所需要的已经不是传统的生产方式，不断迭代的产品对机器人组装工艺的通用性、精准度、可靠性都提出了越来越高的要求。为了应对这一挑战，需要更柔性、更高效的解决方案，即智能化与协作，制造方式必然需要具备更高的灵活性和自动化程度。由此，能与工人并肩协同工作的智能协作机器人成为迫切需求。

1.4　智能协作机器人主要技术参数

协作机器人的技术参数反映了机器人的适用范围和工作性能，主要包括自由度、额定负载、工作空间、工作精度，其他参数还有工作速度、控制方式、驱动方式、安装方式、动力源容量、本体质量、环境参数等。

✳ 智能协作机器人应用

1. 自由度

自由度是指描述物体运动所需要的独立坐标数。

空间直角坐标系又称笛卡尔直角坐标系，它是以空间一点 O 为原点，建立三条两两相互垂直的数轴，即 X 轴、Y 轴和 Z 轴。机器人系统中常用的坐标系为右手坐标系，即 3 个轴的正方向符合右手定则：右手大拇指指向 Z 轴正方向，食指指向 X 轴正方向，中指指向 Y 轴正方向，如图 1.15 所示。

在三维空间中描述一个物体的位姿（即位置和姿态）需要 6 个自由度，如图 1.16 所示：

➤ 沿空间直角坐标系 $O\text{-}XYZ$ 的 X、Y、Z 3 个轴的平移运动 T_X、T_Y、T_Z。

➤ 绕空间直角坐标系 $O\text{-}XYZ$ 的 X、Y、Z 3 个轴的旋转运动 R_X、R_Y、R_Z。

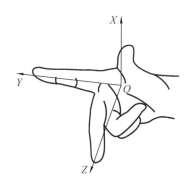

图 1.15　右手定则

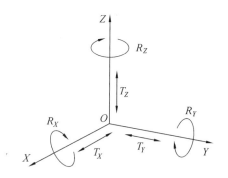

图 1.16　刚体的 6 个自由度

　　机器人的自由度是指机器人相对坐标系能够进行独立运动的数目，不包括末端执行器的动作。

　　机器人的自由度反映机器人动作的灵活性，自由度越多，机器人就越能接近人手的动作机能，通用性越好；但是自由度越多，结构就越复杂，对机器人的整体要求就越高，如图 1.17 所示。因此，智能协作机器人的自由度需根据其用途设计。

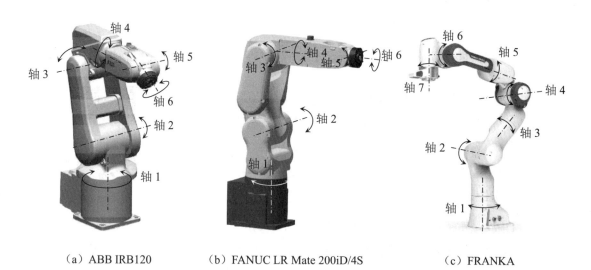

（a）ABB IRB120　　　　（b）FANUC LR Mate 200iD/4S　　　　（c）FRANKA

图 1.17　机器人的自由度

　　采用空间开链连杆机构的机器人，因每个关节仅有一个自由度，所以机器人的自由度数就等于它的关节数。

2. 额定负载

额定负载也称有效负荷，是指正常作业条件下，智能协作机器人在规定性能范围内，手腕末端所能承受的最大载荷，见表 1.2。

表 1.2　智能协作机器人的额定负载

品牌	ABB	FANUC	Universal Robots	FRANKA EMIKA
型号	YuMi	CR-35iA	UR5	FRANKA
实物图				
额定负载	0.5 kg	35 kg	5 kg	3 kg

3. 工作空间

工作空间又称工作范围、工作行程，是指智能协作机器人作业时，手腕参考中心（即手腕旋转中心）所能到达的空间区域，不包括手部本身所能到达的区域。如图 1.18 所示，FRANKA 的工作范围约为以底座为球心、半径为 855 mm 的球形空间，由于构型上的限制，使用时应尽可能避免将工具中心移至底座上下方的圆柱状空间。

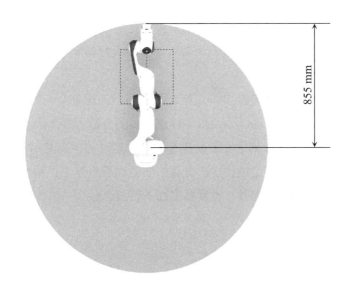

图 1.18　FRANKA 机器人工作空间

工作空间的形状和大小反映了机器人工作能力的大小，它不仅与机器人各连杆的尺寸有关，还与机器人的总体结构有关。智能协作机器人在作业时可能会因存在手部不能到达的作业死区而不能完成规定任务。

常见智能协作机器人的工作范围见表 1.3。

表 1.3　常见智能协作机器人的工作范围

品牌	ABB	FANUC	Universal Robots	FRANKA EMIKA
型号	YuMi	CR-35iA	UR5	FRANKA
实物图				
工作范围	559 mm	1 813 mm	850 mm	855 mm

由于末端执行器的形状和尺寸是多种多样的，为真实反映机器人的特征参数，工作范围一般是指不安装末端执行器时机器人可以到达的区域。

注意： 在装上末端执行器后，需要同时保证工具姿态。实际的可到达空间和理想状态的可到达空间有差距，因此需要通过比例作图或模型核算，来判断是否满足实际需求。

4. 工作精度

智能协作机器人的工作精度包括定位精度和重复定位精度。

（1）定位精度又称绝对精度，是指机器人的末端执行器实际到达位置与目标位置之间的差距。

（2）重复定位精度简称重复精度，是指在相同的运动位置命令下，机器人重复定位其末端执行器于同一目标位置的能力，以实际位置值的分散程度来表示。

实际上，机器人重复执行某位置给定指令时每次走过的距离并不相同，均是在一平均值附近变化。该平均值代表定位精度，变化的幅值代表重复定位精度，如图 1.19 和图 1.20 所示。机器人具有绝对精度低、重复精度高的特点。

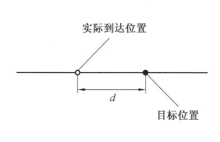

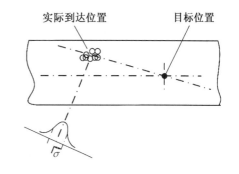

图 1.19　定位精度　　　　　　　　　　　图 1.20　重复定位精度

常见智能协作机器人的重复定位精度见表 1.4。

表 1.4　常见智能协作机器人的重复定位精度

品牌	ABB	FANUC	Universal Robots	FRANKA EMIKA
型号	YuMi	CR-35iA	UR5	FRANKA
实物图				
重复定位精度	±0.02 mm	±0.04 mm	±0.1 mm	±0.1 mm

5. 安全性

协作机器人由于需要与人类近距离接触，甚至共享同一工作空间，所以安全性显得至关重要。不同厂家的安全性策略可分为 5 大类：原生安全、皮肤感应、基座力传感器、关节电流估算、关节扭矩传感器。

（1）原生安全，是指机器人本身的力量不足以伤害人类。通常将额定负载小于 1 kg 的机器人归入这一类。

（2）皮肤感应。皮肤感应在行业内普及率较低，机器人通过覆盖在表面的材料导电率的变化或其他方式来检测外界的冲击。对用户来说，这可能是最安全的方式。

（3）基座力传感器。具有基座力传感器的机器人的底部有一个大的力-扭矩传感器，可用来监测不同方向的力，这允许制造商直接在工业机器人的基础上修改，以提高安全性。这样就可以用习惯的界面工作，而且不需要添加任何安全围栏。这项技术的另一个优点是，可以使用具有大有效载荷的大型机器人，并且仍然具有非常好的力（冲击）敏感性。

（4）关节电流估算。关节电流估算是最常见的解决方案，通过每个关节内的电流传感器来检测当前电流是否超出了估算值。这一方案的优势在于非常低的成本和非常高的可用性，用户可以简单地通过几项设置来确保机器人的安全性。另外这一安全性策略也可以让用户轻松完成拖拽示教。

（5）关节扭矩传感器。关节扭矩传感器成本高但也带来了更高的性能。相对于电流估算，扭矩传感器可以提供更高速的响应和更精准的分辨率。用户可以通过这种方式来精确控制机器人对外输出力量或感知外部对机器人施加的力量，同时，获得更轻松、更灵活的拖拽示教性能。

本书中的 FRANKA 机器人在 7 个关节内内置了关节扭矩传感器，可以实现极高的力感知能力，末端力分辨率可以小于 0.05 N。

常见的智能协作机器人安全性策略，见表 1.5。

表 1.5　常见智能协作机器人的安全性策略

品牌	ABB	FANUC	Universal Robots	FRANKA EMIKA
型号	YuMi	CR-35iA	UR5	FRANKA
实物图				
安全性策略	原生安全	基座力传感器	关节电流估算	关节扭矩传感器

1.5　智能协作机器人的应用

随着工业的发展，多品种、小批量、定制化的工业生产模式成为趋势，对生产线的柔性提出了更高的要求。在自动化程度较高的行业，基本的工业生产模式为人与专机相互配合，机器人主要完成识别、判断、上下料、插拔、打磨、喷涂、点胶、焊接等需要一定智能但又枯燥单调的重复性工作，进一步提升品质和提高效率出现瓶颈。智能协作机器人由于具有良好的安全性和一定的智能性，可以替代部分操作工人，形成"协作机器人+专机"的工业生产模式，从而实现工位自动化。

由于智能协作机器人固有的安全性，如力反馈和碰撞检测等功能，人与智能协作机器人并肩合作的安全性将得以保证，因此被广泛应用于汽车零部件、3C 电子、金属机械、五金卫浴、食品饮料、注塑化工、医疗制药、物流仓储、科研、服务等行业。

1.5.1　汽车行业应用

工业机器人已在汽车和运输设备制造业中应用多年，主要在防护栏后面执行喷漆和焊接操作。而智能协作机器人则更"喜欢"在车间内与人类一起工作，能为汽车应用中的诸多生产阶段增加价值，例如拾取部件并将部件放置到生产线或夹具上、压装塑料部件以及操控检查站等，可用于螺钉固定、装配组装、贴标签、机床上下料、物料检测、抛光打磨等环节。图 1.21 所示为智能协作机器人在固定螺钉。

1.5.2　焊接行业应用

焊接机器人是焊接自动化的革命性进步，它突破了焊接刚性自动化的传统方式，开拓了一种柔性自动化新方式。焊接机器人的主要优点是：稳定，可提高焊接质量，保证焊接产品的均一性；提高生产率，一天可 24 h 连续生产；可替代工人在有害环境下长期工作，改善了焊接工人的劳动条件；降低了对工人操作技术要求；可实现小批量产品焊接自动化；为焊接柔性生产线提供了技术基础。图 1.22 所示为智能协作机器人在焊接行业（3C 行业）中的应用。

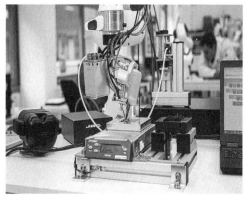

　　图 1.21　汽车行业应用——固定螺钉　　　　　　　图 1.22　3C 行业应用

1.5.3　物流行业应用

目前电子商务需求呈爆炸式增长，并且没有丝毫放缓的迹象，第三方物流订单履行中心的任务也愈加繁重。对于传统的劳动力密集型企业而言，在劳动力短缺的背景下实现这些目标并非易事。随着每小时劳动力成本的不断提升，这些增加的成本必须从其他方面节省资金来抵消。此外，季节性的需求激增也带来额外的挑战。而智能协作机器人可以在 2 h 内完成 5 人小组一整天的工作，并且智能协作机器人的成本更加低。图 1.23 所示为智能协作机器人在物流行业中进行搬运工作。

1.5.4　医药行业应用

医院的日常工作中存在很多简单而耗时的任务。在智能协作机器人的帮助下，医疗人员可以将时间和精力放在重点工作上，例如实验的核心部分，确保药物能够快速、准确地配制出来。智能协作机器人的使用将提升医疗业务的效率。图 1.24 所示为智能协作机器人在医药行业中的应用。

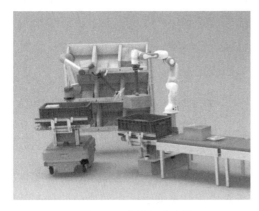

图 1.23　物流行业应用

图 1.24　医药行业应用

第2章 智能协作机器人认知

2.1 机器人简介

本书主要以 FRANKA 智能协作机器人（简称 FRANKA 机器人）作为讲解示例，FRANKA 机器人具有 7 自由度人机协作轻型机械臂，且有厂商自产的夹具。FRANKA 机器人具备以下特点。

❋ 机器人介绍

（1）FRANKA WORLD 是 FRANKA EMIKA 推出的基于云的解决方案，用于管理整队机器人并通过 Franka Store 获取应用和功能。

（2）应用是模块化机器人程序，每款应用代表机器人任务的部分步骤。FRANKA 机器人的应用可在 Franka Store 中进行购买并通过参数化处理整合至工作台，形成完整的自动化任务。从技术层面而言，应用是具有特定格式的状态机。

（3）使用如 Chrome、Edge 和 Firefox 等软件作为连接工作台的媒介，操作机器人和进行任务编程，可创建简易的协作机器人工作项目。

（4）保障工作人员与智能协作机器人的互动安全，机器人在与任何物体发生碰撞时会立即停止，从而防止对人或其他机器造成进一步伤害。

FRANKA 常规负载机器人参数见表 2.1。

表 2.1　FRANKA 常规负载机器人参数

型号	FRANKA
臂架	
自由度	7
有效载荷/kg	3
重复定位精度/mm	±0.1
工作空间/mm	855
本体质量/kg	17.8

2.2　机器人系统组成

本书以 FRANKA 机器人为例，进行相关介绍和分析。
FRANKA 机器人主要由臂架和控制装置组成，其组成结构
如图 2.1 所示。

※　机器人系统组成

图 2.1　FRANKA 机器人组成结构

2.2.1　臂架

臂架是机器人的机械主体，是用来完成规定任务的执行机构。臂架模仿人的手臂，
共有 7 个旋转关节，每个关节表示一个自由度，如图 2.2 所示。基座用于连接臂架和底座，
工具端用于连接机器人与工具。通过工作台操作界面或拖动示教，用户可以控制各个关
节转动，使机器人末端工具移动到不同的位姿。

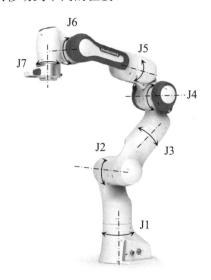

图 2.2　机器人关节介绍

用户可直接通过机械臂的导航装置操作用户界面工作台和集成末端执行器，如图 2.3 所示。

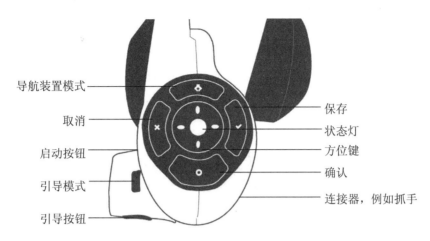

导航装置模式

取消

启动按钮

引导模式

引导按钮

保存

状态灯

方位键

确认

连接器，例如抓手

图 2.3　导航装置

FRANKA 机器人的规格和特性见表 2.2。

表 2.2　FRANKA 机器人的规格和特性

规　　格		
型号	工作范围/mm	额定负载/kg
FRANKA	855	3
特　　性		
重复定位精度/mm	±0.1	
消耗功率/W	60～350	
防护等级	IP30	
编程环境	网页	

FRANKA 机器人的运动范围见表 2.3。

表 2.3　FRANKA 机器人的运动范围

轴	工作范围/（°）	最大速度/[（°）·s^{-1}]
J1	−166～166	180
J2	−101～101	180
J3	−166～166	180
J4	−174～−4	180
J5	−166～166	180
J6	−1～215	180
J7	−166～166	180

2.2.2 控制装置

控制装置电源输入值范围广泛：电源电压从 100 V AC 到 240 V AC，电源频率从 47 Hz 到 63 Hz。电源必须属于过压类别Ⅱ（OVCⅡ）或 OVC Ⅰ。当使用 FRANKA 机器人的紧急停止装置时，必须使用最大电流为 6 A 的保险丝来保护电源。如果抛开该紧急停止装置改用其他解决方案切断电源，则需要在电源中使用最大电流为 10 A 的保险丝来保护控制装置。控制装置外观如图 2.4 所示。

图 2.4　控制装置外观

FRANKA 机器人的控制装置包括一个电源线接口、一个电源开关、一个机器人接口和一个网线接口，如图 2.5 所示。

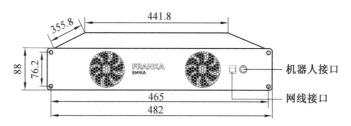

（a）后端（单位：mm）

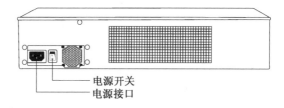

（b）前端

图 2.5　控制装置

2.2.3 外部支持设备

外部支持设备为三段式，连接到臂架底座（连接器 X4）。半按可启用 FRANKA 机器人（注意：在任何情况下，首先离开危险区），然后可通过工作台启动程序。外部支持设备如图 2.6 所示。

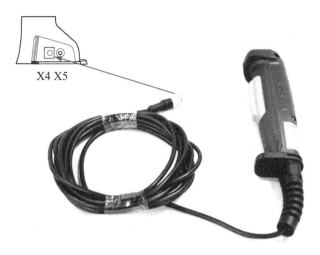

图 2.6　外部支持设备

2.2.4　外部激活设备

按下外部激活设备时，设备处于手动状态。如果需要机器人处于自动状态，则需将外部激活设备拔出。外部激活设备连接到臂架底座（插座 X3）。外部激活设备如图 2.7 所示。

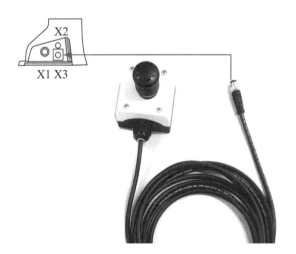

图 2.7　外部激活设备

2.2.5　紧急停止装置

如果使用 FRANKA EMIKA 提供的紧急停止装置，则将紧急停止装置连接到控制装置与主电源插座之间，按下即可切断机器人电源。每次启动时需要将紧急停止装置拔出。紧急停止装置如图 2.8 所示。

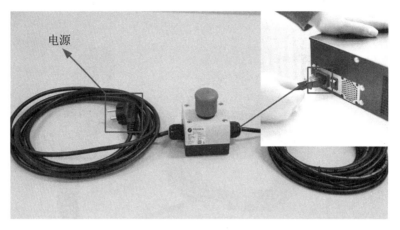

电源

图 2.8　紧急停止装置

2.3　机器人组装

2.3.1　首次组装机器人

1. 拆箱

拆箱时要通过专业的拆卸工具打开箱子，装箱清单如图 2.9 所示。

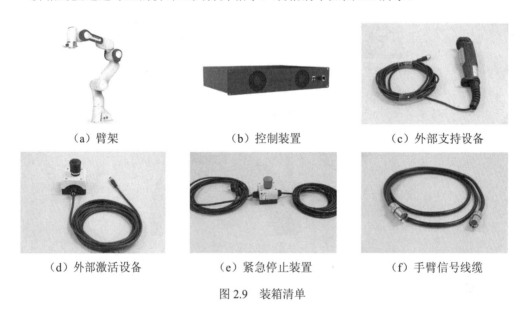

（a）臂架　　　　　　　　　（b）控制装置　　　　　　　（c）外部支持设备

（d）外部激活设备　　　　　（e）紧急停止装置　　　　　（f）手臂信号线缆

图 2.9　装箱清单

2. 机器人安装

（1）臂架。

机器人机座固定孔规格如图 2.10 所示。FRANKA 机器人是透过底座 4 个直径为 9 mm 的圆孔，使用 4 颗 M8 的螺丝来固定，建议锁附扭矩为 35 N·m（可视使用螺丝的强度调整）。若对精度的要求较高，安装时可通过 2 个直径为 6 mm 的定位孔搭配定位柱提供更佳的固定性。

（2）工具法兰。

FRANKA 机器人是透过末端法兰 4 个 M6 的牙孔，使用 4 颗 M6 的螺丝来固定工具，建议锁附扭矩为 9 N·m。若对精度的要求较高，安装时可通过两个直径为 6 mm 的定位孔搭配定位柱提供更佳的固定性。工具法兰机械尺寸如图 2.10（b）所示。

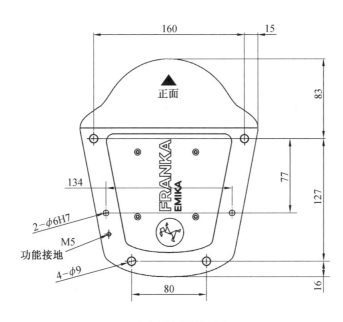

（a）臂架机械尺寸

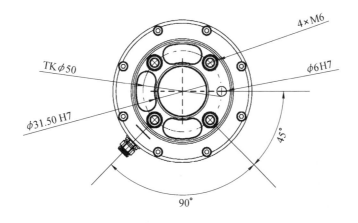

（b）工具法兰机械尺寸

图 2.10　机器人机座固定孔规格（单位：mm）

（3）控制装置与外部设备。

控制装置可置放于地上或机架上，须注意两侧需保留 5 cm 的空间用于空气散热对流。紧急停止装置一旦按下就会断开在其之后的所有电源，一旦断开电源，所有 7 个轴的故障保护安全锁止螺栓将会瞬间阻止臂架的继续移动。外部设备包括外部支持设备、外部激活设备及紧急停止装置，半按下外部支持设备并保持这一状态可以测试及运行自动机器人程序。外部激活设备进入"启动状态"位置后，即可使用臂架自动执行任务。紧急停止装置和外部激活设备最好固定于安全易于按压的地方，外部支持设备放在固定好的架子上。

注意： 在安装臂架时应尽量避免对关节施加额外的力量，以防机器人损坏。同时在运输过程中要严格按照规定姿态进行收装搬运。机器人正确抓握方式如图 2.11 所示。

图 2.11　机器人正确抓握方式

3. 安装条件

机器人安装条件见表 2.4。

表 2.4　机器人安装条件

安装条件	环境条件
安装场所	室内，封闭式建筑； 避免阳光直射； 无振动； 仅允许存在与地球磁场同等强度的外部磁场
安装类型	用螺钉固定连接机器人末端执行器的法兰
防护级别	IP 30：臂架 IP 20：控制柜（符合 EN 60529:1991 标准） IP 2x：防止直径≥12.5 mm 的固体侵入 IP x0：不防水

续表 2.4

安装条件	环境条件
环境介质	空气； 远离易燃物质（灰尘、气体、液体）； 远离侵蚀性介质； 远离腐蚀性物质； 远离"浮动部件"； 远离飞溅液体； 远离高压气流
污染等级	2 级（符合 IEC 60664-1：2020 标准） "仅产生干燥、非导电的污染；偶尔发生因冷凝导致的短暂导电"
环境温度	15～25 ℃（标准） 5～45 ℃（扩展） –10～60 ℃（运输） 5～25 ℃（储存）
相对空气湿度	20%～80%，无冷凝
安装高度	海拔高度不超过 2 000 m

2.3.2　电缆线连接

控制装置底部有手臂信号线缆接口、电源接口，臂架底部有 4 个插口，使用前要把手臂信号线缆插到对应的插口中，外部激活设备和外部支持设备接到对应的臂架接口上，电缆连接分类见表 2.5。只有将系统内部电缆连接完成后，才能实现机器人的基本运动。

表 2.5　电缆连接分类

序号	1	2	3	4
分类	外部支持设备线缆	手臂信号线缆	控制装置电源电缆	外部激活设备线缆
图示	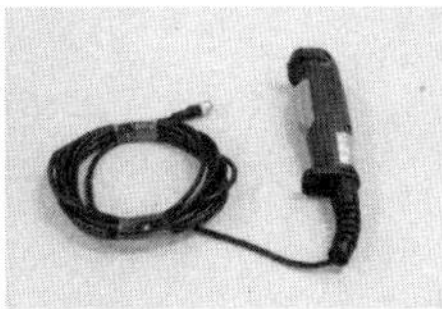	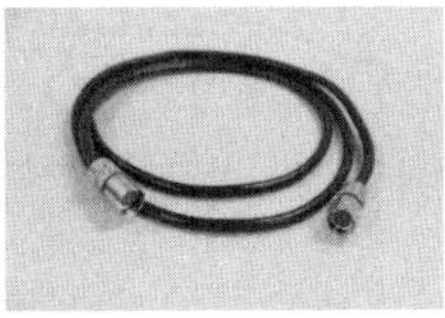		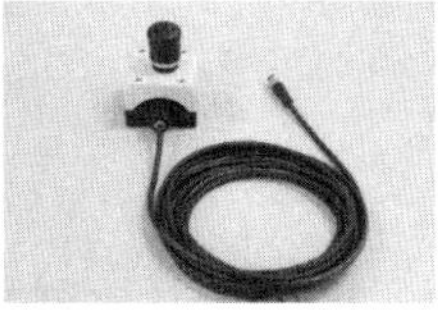

1. 臂架与控制装置连接

臂架与控制装置连接的一端是直管圆形航空插头。线缆一端从机器人底座 X1 接口引出，另一端插头连到控制装置的对应插口上，注意插入方向，插紧后要拧紧锁紧环，如图 2.12 所示。

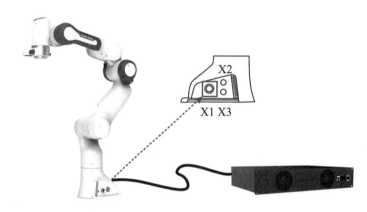

图 2.12　臂架与控制装置连接示意图

2. 外部支持设备与臂架连接

外部支持设备与臂架连接的一端是直管圆形航空插头，将线缆插到臂架 X4 接口上，如图 2.13 所示。

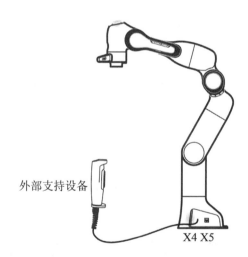

图 2.13　外部支持设备与臂架连接

3. 电源与控制装置连接

电源与控制装置连接的一端是品字插头，将电源线品字插头连接到控制装置电源接口处，如图 2.14 所示。

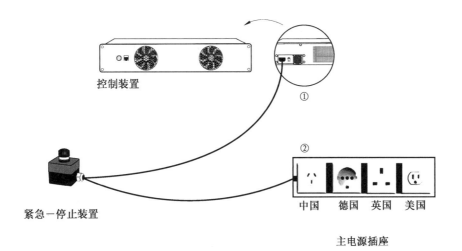

图 2.14　电源线连接示意图

4. 电源、臂架、示教器与控制装置的整体连接

整体的电缆连接如图 2.15 所示，计算机连接到手臂上的网口，且计算机网络设置保持自动获取 IP 即可，不需要设定固定 IP。

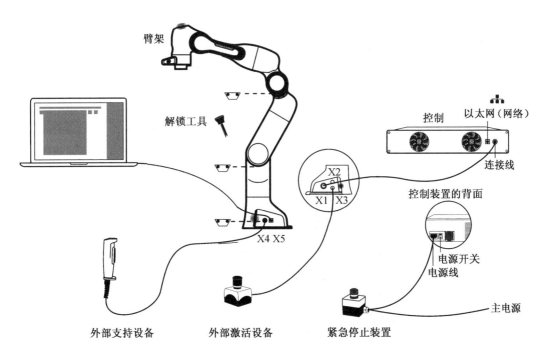

图 2.15　整体的电缆连接示意图

2.3.3 启动机器人

本书所涉及的臂架和控制装置安装在工业机器人技能考核实训台（标准版）上，如图 2.16 所示。安装臂架和控制装置，连接相关线缆，开启系统电源后即可启动机器人。

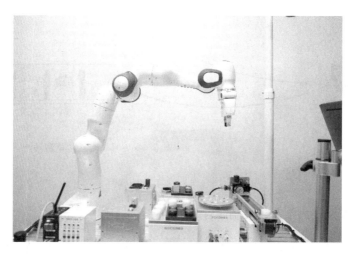

图 2.16　工业机器人技能考核实训台（标准版）

启动机器人前须确保机器人周边无障碍物，操作人员处在安全位置，并按表 2.6 中操作步骤操作。

表 2.6　启动机器人操作步骤

序号	图片示例	操作步骤
1		（1）开启控制装置，把电源电缆品字插头插入工频交流电源插座，控制装置上电成功。 （2）将紧急停止按钮向上拉起。 （3）电源开关从 OFF 按至 ON 状态，电源指示灯亮。 （4）机器人系统上电成功

续表 2.6

序号	图片示例	操作步骤
2	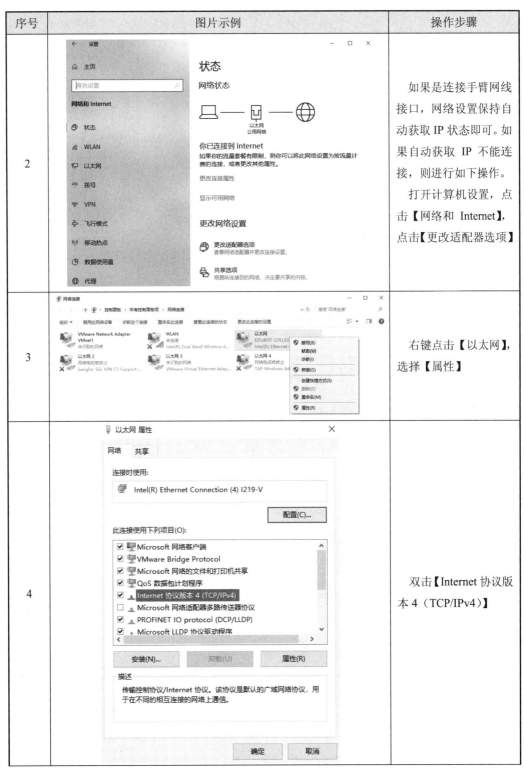	如果是连接手臂网线接口，网络设置保持自动获取 IP 状态即可。如果自动获取 IP 不能连接，则进行如下操作。 　　打开计算机设置，点击【网络和 Internet】，点击【更改适配器选项】
3		右键点击【以太网】，选择【属性】
4		双击【Internet 协议版本 4（TCP/IPv4）】

续表 2.6

序号	图片示例	操作步骤
5	 Internet 协议版本 4 (TCP/IPv4) 属性　✕ 常规 如果网络支持此功能，则可以获取自动指派的 IP 设置。否则，你需要从网络系统管理员处获得适当的 IP 设置。 ○ 自动获得 IP 地址(O) ● 使用下面的 IP 地址(S): IP 地址(I):　192.168.0.250 子网掩码(U):　255.255.255.0 默认网关(D):　｜... ○ 自动获得 DNS 服务器地址(B) ● 使用下面的 DNS 服务器地址(E): 首选 DNS 服务器(P):　... 备用 DNS 服务器(A):　... □ 退出时验证设置(L)　　高级(V)... 确定　取消	选择【使用下面的 IP 地址（S）:】，并在"IP 地址（I）"中填写"192.168.0.250"，填写默认子网掩码"255.255.255.0"，然后点击【确定】
6	🖥 以太网 属性　✕ 网络　共享 连接时使用: 🖥 Intel(R) Ethernet Connection (4) I219-V 配置(C)... 此连接使用下列项目(O): ☑ 🖥 Microsoft 网络客户端 ☑ 🖥 VMware Bridge Protocol ☑ 🖥 Microsoft 网络的文件和打印机共享 ☑ 🖥 QoS 数据包计划程序 ☑ 🖥 Internet 协议版本 4 (TCP/IPv4) □ 🖥 Microsoft 网络适配器多路传送协议 ☑ 🖥 PROFINET IO protocol (DCP/LLDP) ☑ 🖥 Microsoft LLDP 协议驱动程序 安装(N)...　卸载(U)　属性(R) 描述 允许你的计算机访问 Microsoft 网络上的资源。 确定　取消	点击【确定】

续表 2.6

序号	图片示例	操作步骤
7	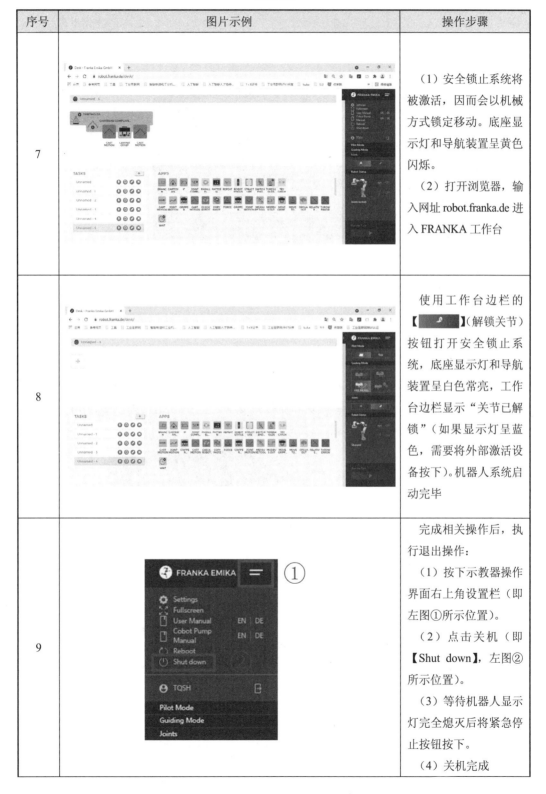	（1）安全锁止系统将被激活，因而会以机械方式锁定移动。底座显示灯和导航装置呈黄色闪烁。 （2）打开浏览器，输入网址 robot.franka.de 进入 FRANKA 工作台
8		使用工作台边栏的【　　🔓　　】（解锁关节）按钮打开安全锁止系统，底座显示灯和导航装置呈白色常亮，工作台边栏显示"关节已解锁"（如果显示灯呈蓝色，需要将外部激活设备按下）。机器人系统启动完毕
9		完成相关操作后，执行退出操作： （1）按下示教器操作界面右上角设置栏（即左图①所示位置）。 （2）点击关机（即【Shut down】，左图②所示位置）。 （3）等待机器人显示灯完全熄灭后将紧急停止按钮按下。 （4）关机完成

续表 2.6

序号	图片示例	操作步骤
10	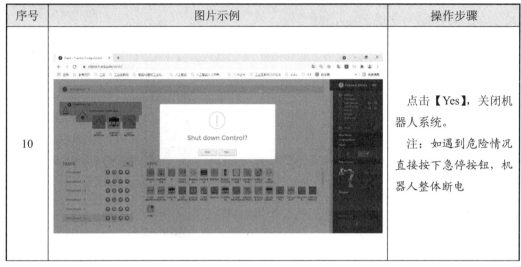	点击【Yes】，关闭机器人系统。 注：如遇到危险情况直接按下急停按钮，机器人整体断电

2.4 设备介绍

本书以 KE 设备工作台搭载 FRANKA 机器人为例，进行相关介绍和分析。KE 设备工作台包括基础功能模块、综合功能模块、多工位旋转模块、物料输送模块、智能网关模块、定位装配模块、指示灯检测模块和监控摄像头。其组成结构如图 2.17 所示。

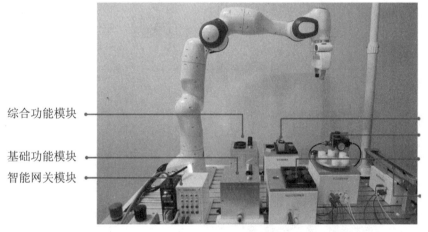

图 2.17 KE 设备工作台组成结构

本书将 PLC 输入输出（IO）信号外接到 KE 设备工作台的面板上，使其连接更加直观、高效。可通过机器人连接 PLC 达到控制模块与其他模块进行信号交互的目的，PLC 外接 IO 信号如图 2.18 所示。

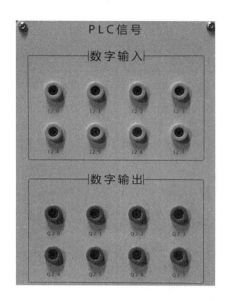

图 2.18　PLC 外接 IO 信号

下面介绍本工作台所使用模块的功能，见表 2.7。

表 2.7　实训模块功能说明

序号	模块编号	模块名称	图示	功能说明
1	EN-MA01	基础功能模块		该模块分为 6 个面，将机器人基础操作由易到难分成 6 部分，在每个面内可学习一部分知识。6 个面可自由切换，根据所学内容自由选择，系统性地学习机器人的基础操作内容。 　其中装有金属探针部件，可安装于机器人手臂，进行示教操作练习，其内部带弹簧缓冲，当端部受到外力冲击时，尖端受力可回缩并随后恢复如初。当误操作发生撞击时，可有效保护自身和外部夹具。 　其中包括但不限于以下示教功能： （1）基础直线运动示教。 （2）基础曲线运动示教。 （3）坐标系的建立与应用。 （4）工件坐标系的建立与应用。 （5）轨迹线模拟仿真示教。 （6）综合绘画练习。 （单独实训）

续表 2.7

序号	模块编号	模块名称	图示	功能说明
2	EN-MA02	综合功能模块		该模块分为 6 个面，将机器人基础功能操作由易到难分成 6 部分，在每个面内可学习一部分知识。6 个面可自由切换，根据所学内容自由选择，系统性地学习机器人基础操作内容。 该模块包含 3 种共 5 个基础工件，模拟装配搬运等操作。其表面有定位凹槽辅助搬运等操作练习，具有空间曲线，增加了示教可视性。 其中包括但不限于以下示教功能： （1）基础搬运示教。 （2）多角度搬运示教。 （3）码垛联系示教。 （4）基础装配示教。 （5）空间曲面移动示教。 （6）基础模拟焊接轨迹示教。 （可单独实训，也可与其他模块联动实训）
3	EN-MA03	多工位旋转模块		该模块包含步进电机、编码器、接近传感器、快插式面板及转盘面板等零部件，且转盘面板设置有 6 个圆形沉槽工位（设有数字编号，且带细线标刻）。面板采用插线式接线，便于示教实操。 正常通电后，驱动器收到 PLC 指令便驱使步进电机转动，随后电机传递到转盘面板处。可事先放置 1 个或数个圆柱状工件到任意工位，当转盘面板正常转动时，对物料进行检测，并到指向标处停住，机器人抓取工件至其他模块处。 步进电机可配合机器人的需要设定旋转角度，让学习者学会机器人与伺服转盘的相互协作。 （可单独实训，也可与其他模块联动实训）

续表 2.7

序号	模块编号	模块名称	图示	功能说明
4	EN-MA05	物料输送模块	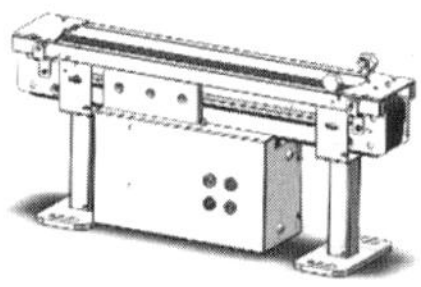	该模块主要为皮带输送机构，皮带做线性循环运动，工件从皮带一端输送至另一端。当皮带端部的光电传感器感应到物料时，即时反馈给上层，机器人收到反馈并抓取工件移动，放至指定工位。 该模块可单独使用，可以多个输送带连接，作为智能制造输送线基础单元使用。面板采用插线式接线，便于示教实操。此外，该模块具有拓展接口，可增添多种功能。 （可单独实训，也可与其他模块联动实训）
5	EN-MA06	智能网关模块		该模块包含工业智能网关，可通过 IO 及多种通信协议采集外部信号，并对数据进行边缘处理，上传至云平台实现远程监控
6	EN-MA07	定位装配模块		该模块包含一个气缸定位夹紧工位及三组装配模拟模型。装配模拟包括轴承装配、键轴装配、信号灯拧紧装配三类应用。通过设置机器人执行力矩的大小，可实现智能化、自适应的灵活装配
7	EN-MA08	指示灯检测模块		该模块使用机器人进行质量检测，能够将数字量信号反馈给控制器进行判断。在机器人进行信号灯检测过程中，需要使用力控技术进行卡扣对位，将信号灯放入测试孔内

第3章 智能协作机器人应用基础

3.1 工作台简介

FRANKA EMIKA Powertool（FE Powertool）提供基于工作流程的简单、快速的用户体验。机器人的 App 应用使整个系统的复杂因素简单化，并以建立模块化的方式展现整个生产流程（例如抓取、堵塞、插入和拧紧）。使用 FRANKA EMIKA 基于浏览器的 Desk 控制台接口，可将应用加以排列，

※ 工作台简介及手动示教

以便立即创建整个任务。这些任务可在多个机器人上快速调整、复制或部署，从而显著降低设置成本。各个应用和任务可通过以下方式实现参数化：通过演示功能显示 FE Powertool 位姿；或者添加诸如速度、持续时间、作用力和触发操作等上下文相关参数。

3.1.1 初始配置

首次启动 FRANKA 机器人或将控制装置重置为默认设置后，当输入 URL "robot.franka.de" 时，网页浏览器中将显示初始配置。初始配置的操作步骤见表3.1。

表 3.1 初始配置的操作步骤

序号	图片示例	操作步骤
1	① User　Welcome! ② Network　Please create a first admin user: ③ End-Effector　Username ④ Franka World Password Password confirmation BACK　　NEXT	必须创建管理员用户。要创建管理员用户，需先输入用户名（Username）和密码（Password），然后确认。始终使用安全密码，防止未经授权的人员访问系统

续表 3.1

序号	图片示例	操作步骤
2	① User　　　End-Effector ② Network　　None ▾ ③ End-Effector ④ Franka World　　BACK　　　NEXT	通过下拉菜单选择有无夹爪。如果要使用其他末端执行器或调整夹爪配置，请选择菜单中的"User"（用户定义），然后再输入相应的值
3	Franka Hand Mass 0.73　kg Flange to Center of Mass of Load Vector -0.01　0　0.03 Inertia Tensor 0.001　0　0 0　0.0025　0 0　0　0.0017 Transformation Matrix from Flange to End-Effector 0.7071　0.7071　0　0 -0.7071　0.7071　0　0 0　0　1　0.1034 0　0　0　1	"User"（用户定义）的默认设置见左图
4	① User　Control S/N　290839-1324422 ② Network　System version　4.0.0-rc1+dev ② End-Effector　Registered to　Franka Emika GmbH ④ Franka World　Connection　Online Manage Apps & Features of this robot in Franka World ① Transfer changes to robot Available changes to be synchronized: System　4.0.0-rc1-dev1 Apps　16 additions Features　3 additions USE UPDATE FILE　or　DOWNLOAD ② Apply changes BACK　　FINISH	在 FRANKA WORLD 中注册机器人

3.1.2 用户登录

打开网页后，会进入用户登录页面，如图 3.1 所示。

图 3.1 用户登录页面

3.1.3 主界面简介

用户登录成功后，会进入软件主界面，如图 3.2 所示。

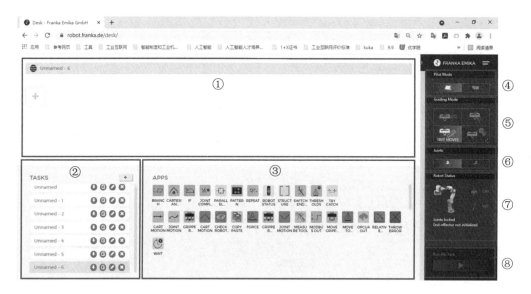

图 3.2 软件主界面

主界面各区域名称和功能说明见表 3.2 的工作台介绍。

表 3.2　工作台介绍

序号	区域名称	功能说明
①	时间线	用于整理应用以进行任务编程
②	任务	可以存储编程任务、管理任务，也可以单击已编程任务进行访问
③	应用程序	在任务区域中，只显示已安装且可供编程的应用集合。可以通过拖放操作，将它们拖动到时间线，以便完成下一步配置
④	导航模式	可以在导航装置上控制机器人夹具
⑤	引导模式	可以切换 4 种引导模式
⑥	关节锁	用于打开/锁死关节
⑦	机器人状态	可以在页面内清晰地看到机器人的状态，如：白色（交互）、绿色（自动执行）、红色（错误）、粉色（冲突）、蓝色（注意！已激活）、黄色（已锁定）
⑧	运行任务	在机器人已经激活的状态下点击，自动运行

3.2　手动引导

3.2.1　指示灯简介

FRANKA 机器人有 6 种状态显示，可以通过机器人底座指示灯或者工作台界面清晰地看到。状态显示中每种颜色分别代表的状态见表 3.3。

表 3.3　状态显示

序号	颜色	状态说明
①	白色	工作台边栏显示"关节已解锁"，机器人进入"监控停止"状态；表示机器人可以交互
②	绿色	在机器人进入已激活状态时，按下工作台中的【执行】按钮，开始执行任务；表示机器人已经开始自动运行
③	红色	表示机器人出现错误
④	粉色	外部激活设备激活，外部支持设备或手柄上的【启用】按钮同时激活；表示机器人授权信号发生冲突
⑤	蓝色	半按下外部支持设备或者拔出外部激活设备；表示机器人已激活
⑥	黄色	需要使用工作台边栏的【解锁关节】按钮打开安全锁止系统；表示机器人已锁定

3.2.2　机器人引导模式

FRANKA 机器人的 4 种引导模式可以更轻松地手动操作机器人，如图 3.3 所示，可以根据需求选择不同的引导模式。

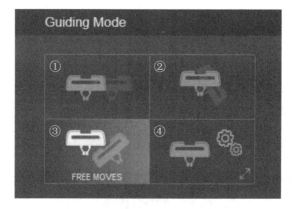

图 3.3　引导模式

引导模式说明见表 3.4。

表 3.4　引导模式说明

序号	模式	功能说明
①	平移运动	在此引导模式下，只能依靠移动臂架来改变末端执行器的笛卡尔位置，方向仍保持进入引导模式之前的状态
②	旋转运动	在此引导模式下，只能依靠移动臂架来改变末端执行器的笛卡尔方向，位置仍保持进入引导模式之前的状态。此旋转的参考坐标系是末端执行器的预定义坐标系
③	自由运动	在此引导模式下，臂架可以自由移动，所有 7 个关节均可移动
④	用户自定义	在此引导模式下，用户可以定义引导行为，这意味着可以针对每个笛卡尔平移轴和旋转轴定义臂架是否可移动

3.2.3　手动拖拽示教

按下手柄上的【引导】按钮和【启用】按钮（半按）后，臂架进入引导模式，支持手动拖拽，如图 3.4 所示。此模式用于教授新位姿或将臂架手动移动到另一种位姿。

注意：出于安全考虑，半按【启用】按钮使机器人上电，这样在操作员失误的情况下将使能松开或者按紧都可以达到机器人停止的目的。

图 3.4 手动拖拽示教

3.3 常用应用

FRANKA 协作机器人的工作台中有很多 APP，需要操作者了解学会。常用 APP 具体说明见表 3.5，如需要更多 APP 还可以到 FRANKA WORLD 中查看。

※ 工作台常用应用介绍

表 3.5 常用 APP 具体说明

名称	说明

Cart Motion
（笛卡尔运动）
	限定最多 100 个动作姿态并能在笛卡尔空间中运动至这些姿态。
	特点：
	● 可以配置轨迹的加速度和速度。
	● 每个动作都可以命名。
	● 每个动作的加速度、减速度和速度都可以单独配置。
	● 可以重新排列每个动作。
	● 每个动作都可以选择精准位置或者平滑运动。
	● 微调功能方便每个位置的微调：
	  ➢ 最小可以 0.10 mm 微调沿 TCP 直角坐标轴的位置运动。
	  ➢ 最小可以 0.10° 微调绕 TCP 直角坐标轴的旋转角度。
	  ➢ 在世界坐标系和末端执行器坐标系中都可以微调。
	● 在示教模式下，具有手臂移动到之前设定好的动作姿势的功能。
	● 可以保存或者加载之前示教过的动作。
	● 可在机器人的 3D 模式下展示配置好的动作。
	● 示教移动手臂时可以实时跟踪机器人模型。
	● 在示教时可以使用点动模式精确定位末端执行器。
	● 可通过键盘快捷键控制机器人点动。
	● 重新排序和更新以前保存的位置

41

续表 3.5

名称	说明
Joint Motion（关节运动）	限定最多 5 个动作姿态并可以在关节空间中运动至这些姿态。 特点： ● 限定最多可以做 5 个动作。 ● 可以配置轨迹的加速度和速度。 ● 每个动作都可以单独命名。 ● 在示教模式下，手臂具有关节运动至之前设置好的动作姿态的功能。 ● 微调功能方便微调每个关节位置。 ● 可以保存或者加载之前示教过的动作。 ● 可在机器人的 3D 模式下展示配置好的动作。 ● 示教移动手臂时可以实时跟踪机器人模型
Move To Contact（移动至接触）	按照定义好的运动轨迹，移动至期望的碰撞区域发生接触。 特点： ● 定义好一个运动轨迹。 ● 配置好速度和加速度。 ● 设置一个期望碰撞区域，并在该区域可以发生预期的接触事件。 ● 发生期望的碰撞事件后，允许任务继续进行。 ● 选择在未检测到任何接触时抛出错误。 ● 微调功能方便每个位置的微调： ➤ 最小可以 0.10 mm 微调沿 TCP 直角坐标轴的位置运动。 ➤ 最小可以 0.10° 微调绕 TCP 直角坐标轴的旋转角度。 ➤ 在世界坐标系和末端执行器坐标系中都可以微调。 ● 在示教模式下，具有手臂移动到之前设定好的动作姿势的功能。 ● 在示教时，可以使用点动模式精确定位末端执行器。 ● 通过键盘快捷键控制机器人点动。 ● 可以保存或者加载之前示教过的动作。 ● 可以重新排序和更新以前保存的位置。
Relative Motion（相对运动）	相对于末端执行器当前的位置移动末端执行器。 特点： ● 在世界坐标系或者末端坐标系中选择一个偏移。 ● 可以配置 X 轴、Y 轴、Z 轴方向的偏移。 ● 可以配置旋转的偏转（绕 X 轴、Y 轴和 Z 轴）。 ● 标记坐标轴可以简化配置。 ● 可显示末端执行器的实时模型

续表 3.5

名称	说明
 Gripper Grasp （夹爪抓取）	用力抓取一个对象。 特点： ● 检查末端夹爪是否初始化。 ● 设定抓取对象的夹爪宽度。 ● 设置负载质量。 ● 自动保存上次使用的负载质量。 ● 以 N 为单位调整夹爪的力大小。 ● 调整夹爪的打开和闭合速度。 ● 夹爪的实时可视系统可以展示实际的和设定的夹爪宽度。 ● 具有初始化夹持器的归位功能
Gripper Release （夹爪放置）	打开夹爪放置之前抓取的对象。 特点： ● 检查末端夹爪是否初始化。 ● 设置目标夹爪宽度。 ● 调整夹爪的打开速度。 ● 夹爪的实时可视系统可以展示实际的和设定的夹爪宽度。 ● 自动重设负载的质量为 0 g。 ● 初始化夹持器的归位功能
Gripper Homing （夹爪归位）	当运行中改变了夹爪指尖时，可以使用它自动调节 Franka Hand 的参考宽度。 特点： ● 夹爪归位
Move Gripper （夹爪移动）	移动夹爪至设定的位置。 特点： ● 检查末端夹爪是否初始化。 ● 设置目标夹爪宽度。 ● 调整夹爪的打开和闭合速度。 ● 可视化实际的和设定的夹爪宽度。 ● 具有初始化夹持器的归位功能

续表 3.5

名称	说明
Wait（等待）	在进入下一个程序模块前，等待一个特定的条件。 特点： ● 等待用户设定的持续时间。 ● 等待用户。 ● 等待检测到已定义的 OPC/UA 配置。 ● 等待检测到 Modbus 信号： ➢ 可设置模块、卡、标识号。 ➢ 可选择等待所有的信号符合设定的配置。 ➢ 可选择等待至少一个信号符合设定的配置。 ● 选项禁用安全功能，这允许机器人继续执行任务，即使在等待期间释放激活设备
Modbus Out（Modbus 输出）	设置一个输出信号。 特点： ● 配置要给出的信号，包括模块、卡和 ID。 ● 为方便辨别，给每个 Modbus 识别号贴上标签。 ● 预配置和保存 Modbus 参数方便后面使用（使用 MBox 时功能不可用）。 ● 经过延迟后可选关闭所有选定的 IO 端子。 ● 经过延迟后可重新设定所有的 IO 端子为之前的状态。 ● 经过延迟后可选反转所有选定的 IO 端子状态
OPC UA Out（OPC UA 输出）	允许设置、修改或删除 OPC/UA 变量；可以指定要设置的变量的名称，并为其指定一个整数值；也可以按给定值递增或递减变量；还可以删除指定的或所有的 OPC/UA 变量。 特点： ● 设置 OPC/UA 变量。 ● 修改 OPC/UA 变量（递增或递减）。 ● 删除 OPC/UA 变量。 ● 删除所有 OPC/UA 变量
Robot Status（机器人状态）	当应用程序中的进程正在"运行"或者进程发生错误时，可以设置 Modbus 信号的组应用程序。 特点： ● 定义过程状态为运行时发送的 Modbus 信号。 ● 定义在过程中发生错误时将发送的 Modbus 信号。 ● 定义 OPC/UA 变量，该变量在流程状态运行时设置。 ● 定义 OPC/UA 变量，该变量将在过程中发生错误时设置。 ● 机器人准备就绪时定义 Modbus 信号。 ● 当机器人准备就绪时，定义 OPC/UA 变量

续表 3.5

名称	说明
Force（力）	在规定的时间内施加界定安全范围的力。 特点： ● 明确要施加的力：最大笛卡尔力为 100 N，旋转扭矩为 30 N·m。 ● 明确力的安全范围，在这个范围内可以施加规定的力。 ● 规定力的施加时间。 ● 具有防止机器人向相反的力方向移动的选项
Check Robot Position（检查机器人位置）	允许用户定义一个"安全区域"，机器人必须在该区域内才能执行任务。如果执行应用程序时机器人在该区域内，则任务正常继续；如果执行应用程序时机器人在该区域之外，则任务将因错误而停止。 特点： ● 定义"安全区域"，机器人必须在该区域内才能继续执行任务。 ● 当机器人不在安全区域内时抛出错误。 ● 通常定义在机器人的起始位置内，工人必须在操作后将机器人返回到该位置
Cartesian Compliance（笛卡尔顺从性）	定义了组内所有应用程序的笛卡尔阻抗。此组应用程序将覆盖任务设置中的笛卡尔顺从性数值。笛卡尔顺从性目前仅在"Force（力）"应用程序中施加力时起作用。 特点： ● 可定义每个轴的笛卡尔阻抗。 ● 可同时定义所有轴的笛卡尔阻抗百分比。 ● 可设置最小值和最大值
Joint Compliance（关节顺从性）	定义了每个关节的关节阻抗。该组配置将覆盖任务设置中的关节顺从性数值，并适用于该组内的左右应用程序。 特点： ● 可定义每个关节的关节阻抗。 ● 可同时定义所有关节的阻抗百分比。 ● 可设置最小值和最大值
Thresholds（阈值设定）	定义组内所有应用程序所使用的碰撞阈值。组内阈值设定将覆盖所有任务中设定的力阈值和转矩阈值。 特点： ● 以图形方式显示每个轴和旋转设定的力范围。 ● 可以为每个轴或旋转单独设定力的范围。 ● 一键单击可快速设定所有笛卡尔方向的扭矩限制百分比。 ● 以图形方式显示每个关节的设定扭矩限制。 ● 可以为每个关节单独设定扭矩限制。 ● 一键单击可快速设定所有关节的扭矩限制百分比

续表 3.5

名称	说明
 Repeat （循环应用）	当满足定义的条件时，这个应用程序允许添加进这个组的所有应用程序都可以重复运行。这个应用程序可以无限重复，也可以重复一定的次数，后者重复至符合一个特定的 Modbus 条件。程序可以立即循环，或者经过一个设定的时间，或者至一个设定的 Modbus 条件被检测到。 特点： ● 可以无限循环。 ● 可设定循环的次数。 ● 可设定检测到 OPC/UA 信号后，开始重新循环。 ● 可设定检测到 Modbus 信号后，开始重新循环。 ● 可通过 Modbus 实现精细化控制： ➢ 输入或者输出信号。 ➢ 多重模块/卡/标识号。 ➢ 可定义要么所有信号都必须检测到，要么至少检测到一个信号
 If Modbus （如果）	如果配置好的信号被检测到，那么一个组里面的应用程序包会有条件地执行；如果在程序运行时没有检测到信号，那么整个组的应用程序都将被跳过。 特点： ● 根据 OPC/UA 变量配置分支条件。 ● 基于应用程序重复配置分支条件。 ➢ 应用程序会记录执行了多少次。 ● 允许设定 Modbus 信号。 ➢ 输入或输出 Modbus 信号。 ➢ 可设置模块、卡和标识号。 ➢ 可设置所有的信号都匹配所选的配置。 ➢ 可设置至少一个信号匹配所选的配置
 Branch （Modbus 分支）	在运行过程中，设定的参数将会被评估。如果配置的信号被检测到，则程序会执行上路径；否则，程序会执行下路径。 特点： ● 根据 OPC/UA 变量配置分支条件。 ● 基于应用程序重复配置分支条件。 ➢ 应用程序会记录执行了多少次。 ● 允许设定 Modbus 信号。 ➢ 输入或输出 Modbus 信号。 ➢ 可设置模块、卡和标识号。 ➢ 可设置所有的信号都匹配所选的配置。 ➢ 可设置至少一个信号匹配所选的配置

续表 3.5

名称	说明
Parallel Execution（并行执行）	允许定义两个可以同时执行的进程路径。例如在进行笛卡尔运动时可以设置 Modbus 信号。 特点： ● 可以定义两个同时执行的进程路径。 ● 可选择一旦上路径结束执行时退出组应用程序。 ● 可选择一旦下路径结束执行时退出组应用程序。 ● 可选择上下路径都结束执行时退出组应用程序
Try Catch（尝试和抓住）	允许创建两个路径：一个 Try 路径，一个 Catch 路径。Try 路径（上路径）最初被执行，直到完成或者满足定义的错误条件，此时 Try 路径将被终止，Catch 路径（下路径）将被执行。定义的错误条件可以是子应用程序或者定义的 Modbus 配置生成的错误信息。 特点： ● 定义要在正常条件下执行的过程（尝试修补）。 ● 定义一个进程（Catch 路径），当 Try 路径上检测到错误条件时，执行 Catch 路径。 ● 将错误条件定义为一个或者多个期望的错误信息。 ● 根据 OPC/UA 变量定义错误条件。 ● 将错误条件定义为可识别的 Modbus 配置。 ● 对于各种错误信息，可以使用 "Torque Thresholds" 扩展错误原因。[错误信息位于 Franka Desk 控制台的底部，而不是运行键上方] ● 可通过 Modbus 实现精细化控制： ➢ 输入或输出 Modbus 信号。 ➢ 可设置模块、卡和标识号。 ➢ 可定义要么所有信号都必须检测到，要么至少检测到一个信号
Throw Error（错误提示）	允许定义在执行应用程序时的提示错误，在创建和测试负载流程时非常有用。 特点： ● 定义将要提示的错误

47

续表 3.5

名称	说明
Copy Paste（复制粘贴）	功能强大，允许将任何应用程序从任何任务复制到复制粘贴应用程序当前占用的位置的当前任务。所有配置的参数都将随应用程序一起复制，可以同时选择来自多个任务的多个应用程序。如果复制了一个组应用程序，它的所有子应用程序都将被复制。 特点： ● 将任何应用程序从任何任务复制到另一个任务。 ● 复制多个应用程序。 ● 复制了一个组应用程序，它的所有子应用程序都将被复制
Measure Tool（计算工具中心点）	通过允许设定与末端执行器接触相同固定点的 4 个点来计算并应用附加工具的工具中心点。对于工具方向，必须设定另一个点。配置参数也可以保存并在以后再次加载。 特点： ● 计算并应用连接工具的工具中心点。 ● 保存或加载配置参数
Switch End Effector（切换末端执行器）	允许配置用于组内所有应用程序的标称末端效应器坐标系。配置可以保存到 JSON 文件中，稍后再加载。多个开关末端效应器组应用程序可以在同一任务中使用，允许在使用多个或多功能末端效应器时进行动态坐标系切换。 特点： ● 配置组内使用的标称末端效应器框架。 ● 将配置保存并加载到 JSON 文件。 ● 在本地浏览器缓存中保存配置。 ● 在同一任务中使用多个开关末端效应器组。 ● 简化多个或多功能末端执行器的使用。 ● 在开关末端效应器框架中移动到姿势
Structure（组织）	可以方便地将很多应用程序包组织进一个命名的组织里，保持较大程序的整洁性和可读性。 特点： ● 安排长的应用程序进入不同的组。 ● 防止过程失控。 ● 为工作流中的子流程命名。 ● 选择跳过组中的所有应用程序（禁用结构应用程序）

续表 3.5

名称	说明
Pattern（图案）	通过示教最小数量的点来计算不同的图案。 特点： ● 选择 4 种不同的图案：自由形状、矩形、圆形或直线。 ● 图案可以从 2～3 点计算出来。 ● 所有的点通过应用程序的二维坐标系都是可视化的。 ● 通过放大和切换相机，可以自由查看创建图案的可视化效果。 ● 每个点都可以单独微调。 ● 可以设置每个项目的编辑顺序。 ● 可以定义访问和返回运动。 ● 可选择要用作起点的点。 ● 可将起点确定为 OPC/UA 变量。 ● 可设置机器人的速度和加速度。 ● 可与 TQ Repeat 应用程序结合使用，以便为每个点配置其他流程。 ● 微调功能方便每个位置的微调： 　➤ 最小可以 0.10 mm 微调沿 TCP 直角坐标轴的位置运动。 　➤ 最小可以 0.10° 微调绕 TCP 直角坐标轴的旋转角度。 　➤ 在世界坐标系和末端执行器坐标系中都可以微调。 ● "移动到姿势"功能，允许机器人在设定操作中移动到设定位置。 ● 可在示教中微调终点效应的点动模式。 ● 可重新调用保存的位置和可能的更新。 ● 可使用键盘快捷键检查机器人点动。 ● 可保存并加载以前测试过的位置
Set Load（设定负载）	一款适用于所有 TQ 子程序的群组型应用程序，它可以更改末端执行器的质量、重心及惯量矩阵。 此群组 APP 用于将负载的质量添加到末端执行器的质量中。该群组 APP 完成后，负载质量将重置到该 APP 运行之前的状态。 特点： ● 适用于质量、重心及惯量矩阵的临时改变。 ● 指定质量分布的坐标系的传递

49

续表 3.5

名称	说明
Path Motion（轨迹运动）	创建直线、圆和样条曲线线段的复杂移动。 特点： ● 示教直线线段。 ● 示教圆弧线段 ● 示教样条线段。 ● 在新的 3D 显示中实时查看机器人路径。 ● 通过拖放将点移动到路径视图。 ● 通过微调调整点。 ● 过渡半径。 ● 移动和删除线段

3.4 系统设置

3.4.1 Dashboard（概要面板）

如图 3.5 所示，在 Dashboard 可以看到系统的版本和状态、机器人关节状态、机器人基座状态和机器人固件，还可以看到控制装置的 IP 和机器人本身的 IP。

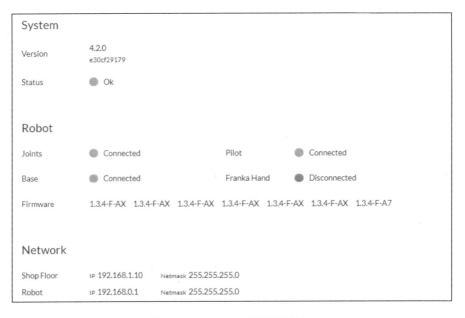

图 3.5 Dashboard（概要面板）

3.4.2　Network（网络设置）

如图 3.6 所示，标识机器人的一端所显示 IP 为机器人臂架 IP，一般无须更改。标识控制装置一端的 IP 在默认状态下是自动获取的，如需要设置为固定 IP 可以将 DHCP Client 后面的 √ 去掉，配置最后点击【APPLY】完成设置。

注意：臂架上的以太网接口与控制装置上的以太网接口有一定区别：

①臂架上的以太网（TCP/IP）接口，用于使用 Desk 控制台进行直观的可视化编程。

②控制装置上的以太网（TCP/IP）接口，用于连接互联网和/或车间局域网络（包括上位机等）。

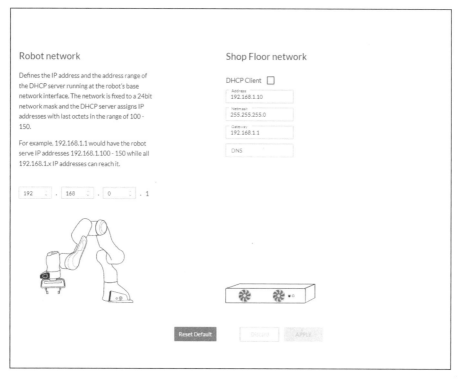

图 3.6　NETWORK（网络设置）

3.4.3　Users（用户设置）

如图 3.7 所示，在本页面可以设置登录的账户密码，并且可以添加新的用户。

注意：用户权限：

①管理员，无授权限制。管理员可以编辑所有参数，也可以创建新任务，必须始终定义一位管理员；这意味着，无法删除最后一位管理员。必须为每一位用户分配一个角色，多位用户可以具有相同角色。

②操作人员具有以下访问权限：

- 下载和选择任务；
- 查看任务和应用设置；
- 查看系统状态（网络、机器人、末端执行器）；
- 锁定/解锁制动器；
- 启动/停止任务；
- 引导（无法保存位姿）；
- 切换导航装置模式；
- 移到运输位姿供包装；
- 从系统下载日志文件；
- 关闭并重新启动系统。

图 3.7　Users（用户设置）

3. 4. 4　End-Effector（末端执行器）

如图 3.8 所示，在该页面可以看到并设置末端执行器的数据，按下【APPLY】即可设置完成。

图 3.8　End-Effector（末端执行器）

如果安装了 Franka Hand 夹爪，可以点击【编辑】按钮来调节末端执行器（如果对 Franka Hand 做了改动的话），也可以将机械数据进行下载、上传；如果用户需要使用自定义末端执行器，则需要选择"Other"，然后设定页面显示的如下需要配置的具体参数：末端执行器质量、法兰到末端执行器中心的齐次变换矩阵等；如果不带任何末端执行器，则选择 None。

如果配置不正确：

- 在引导模式下，臂架可能拉向某些方向。
- 工作模式调节可能会受到影响，臂架碰撞检测的预期灵敏度下降。
- 跟踪行为可能会受到影响。

3.4.5　Modbus TCP（模组总线）

如图 3.9 所示，在 Modbus 页面可以下载、上传 Modbus TCP 的数据，同时也可以清晰地看到每一个变量的变化，方便进行调试。

图 3.9　Modbus TCP

3.4.6　System（系统面板）

如图 3.10 所示，在 System 页面可以看到 OPC/UA，同时也可以在自动模式同时按下【MOVE TO PACK POSE】对机器人姿态进行调整，使机器人复位到打包状态。

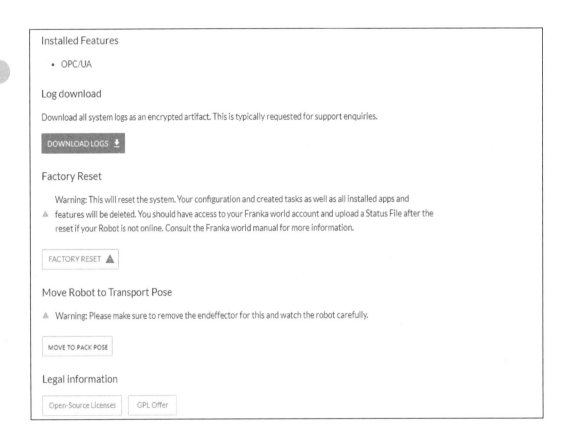

图 3.10　System（系统面板）

3.4.7　Franka World（机器人文档）

如图 3.11 所示，在 Franka World 页面可以看到有关于 FRANKA WORLD 的相关资料，也可以将购买的 APP 上传到该机器人工作台中。

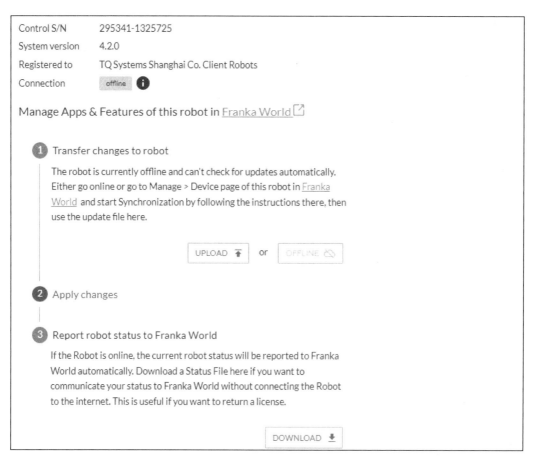

图 3.11　Franka World

3. 4. 8　Safety（安全性）

如图 3.12 所示，在 Safety 页面可以设置单点控制的计时（图右），也可以设置启动任务延迟（图左）。

图 3.12　Safety

3.4.9　Manuals（手册）

　　如图 3.13 所示，在 Manuals 页面可以找到有关于 FRANKA 机器人的相关资料，也可以进行下载。

图 3.13　Manuals

第二部分 项目应用

第4章 基础运动项目应用

4.1 项目概况

4.1.1 项目背景

※ 基础运动项目概况及分析

随着工业生产的发展，机器人激光焊接成为国际上面向 21 世纪的先进制造技术，生产制造企业对于该领域智能化机器人的要求也越来越高。因此，协作机器人在诸多应用领域中占有一定的比例。

激光焊接过程对路径的要求十分高，因此，本项目基于手动示教并结合基础实训模块，进行直线轨迹示教。如图 4.1 所示，机器人正对基础模块做基础运动。

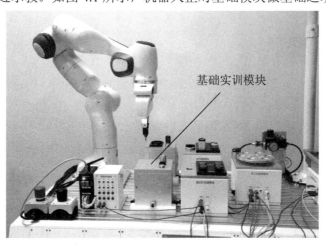

图 4.1 机器人基础运动

4.1.2 项目需求

本项目为基于手动示教的直线运动项目，通过手动示教并结合基础实训模块，使用夹具夹取尖锥代替工业工具，以模块中的正方形为例，模拟工业化应用中的直线轨迹示教过程，项目需求效果如图4.2所示。

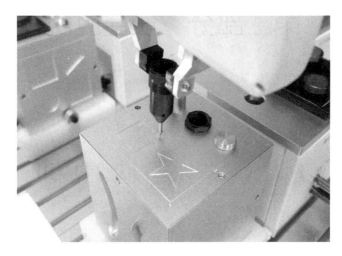

图 4.2　项目需求效果——夹具夹取尖锥

4.1.3 项目目的

在本项目的学习训练中需实现以下目的：

（1）学会运用机器人运动指令。

（2）熟练掌握机器人手动示教操作。

（3）熟练掌握机器人程序编程操作。

4.2　项目分析

4.2.1 项目构架

HRG-HD1XKE型工业机器人技能考核实训台包含一系列实训模块用于实操训练，在项目编程前需要安装基础实训模块和所需工具。

以模块中的正方形为例，演示机器人的直线运动。路径规划：初始点→安全点→过渡点1→过渡点2→过渡点3→过渡点4→过渡点1，如图4.3所示。

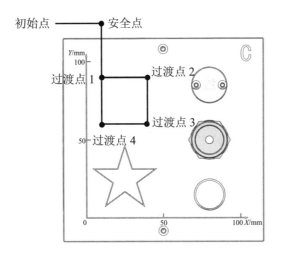

图 4.3　路径规划

4.2.2　项目流程

在基于机器人手动示教的直线运动项目实施过程中，需要包含以下环节：

（1）对项目进行分析，可知此项目使用笛卡尔运动与关节运动指令进行正方形轨迹运动。

（2）创建程序，编写正方形轨迹运动程序，调试检查程序，确认无误后运行程序，观察程序运行结果。

整体的直线运动项目流程如图 4.4 所示。

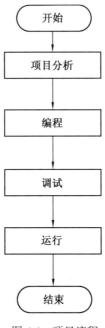

图 4.4　项目流程

4.3 项目要点

4.3.1 任务

在工作台界面中用户可以新建任务、打开任务、删除任务、重命名任务、下载任务、复制任务等。任务栏如图 4.5 所示。

※ 基础运动项目要点及步骤

图 4.5　任务栏

4.3.2 笛卡尔运动应用

笛卡尔运动应用，其界面如图 4.6 所示。

图 4.6　笛卡尔运动应用

4.3.3 关节运动应用

关节运动应用可以连续设置 5 个点，在关节空间中运动，其界面如图 4.7 所示。

图 4.7 关节运动应用

4.3.4 等待应用

等待应用，其界面如图 4.8 所示。

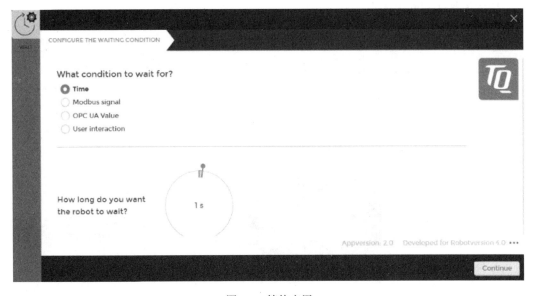

图 4.8 等待应用

4.4 项目步骤

4.4.1 应用系统连接

HRG-HD1XKE 型工业机器人技能考核实训台包含一系列实训模块用于实操训练，在项目编程前需要安装基础实训模块和所需工具，应用系统连接如图 4.9 所示。

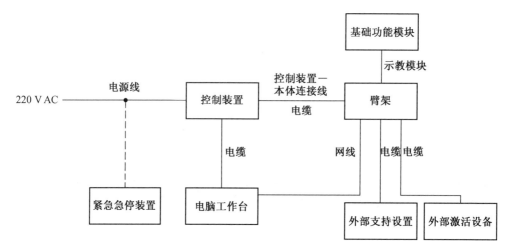

图 4.9 应用系统连接

4.4.2 应用系统配置

应用系统配置的操作步骤见表 4.1。

表 4.1 应用系统配置的操作步骤

序号	图片示例	操作步骤
1		（1）开启控制装置，把电源电缆品字插头插入工频交流电源插座，控制装置上电成功。 （2）将紧急停止按钮向上拉起。 （3）电源开关从 OFF 按至 ON 状态，电源指示灯亮。 （4）机器人系统上电成功

续表 4.1

序号	图片示例	操作步骤
2	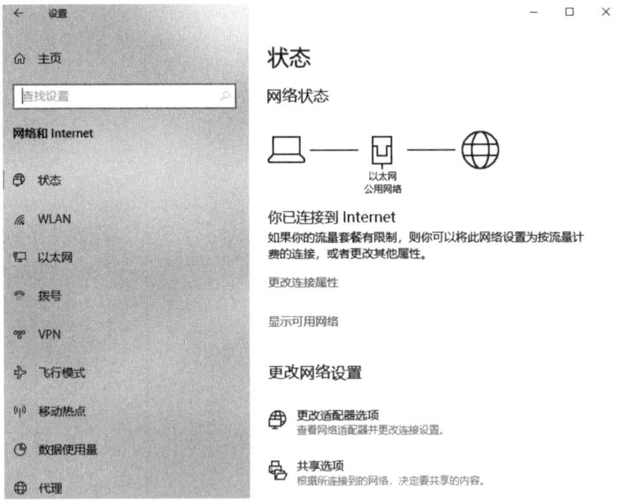	如果是连接手臂网口，网络设置保持自动获取 IP 即可，如果自动获取 IP 不能连接则进行如下操作。打开电脑设置，点击【网络和 Internet】，点击【更改适配器选项】
3		右键点击【以太网】，选择【属性】

63

续表 **4.1**

序号	图片示例	操作步骤
4		双击【Internet 协议版本 4（TCP/IPv4）】
5		选择"使用下面的 IP 地址（S）"，并在"IP 地址（I）"中填写"192.168.0.250"，填写默认子网掩码"255.255.255.0"，然后点击【确定】

续表 4.1

序号	图片示例	操作步骤
6		点击【确定】
7		（1）安全锁止系统将被激活，因而会以机械方式锁定移动。底座显示灯和导航装置呈黄色闪烁。 （2）打开浏览器输入网址 robot.franka.de 进入 FRANKA 工作台
8		使用工作台边栏的【　　】（解锁关节）按钮打开安全锁止系统，底座显示灯和导航装置呈白色常亮，工作台边栏显示"关节已解锁"（如果显示灯呈蓝色，需要将外部激活设备按下）。机器人系统启动完毕

4.4.3 主体程序设计

经过以上对项目的分析，基于手动示教的直线运动项目主体程序设计的操作步骤见表 4.2。

表 4.2 直线运动项目主体程序设计的操作步骤

序号	图片示例	操作步骤
1		在 Pilot Mode 模式下，将夹爪操控模式切换到机器人导航装置操作
2		点击导航装置上的【夹具快速夹紧】功能按钮，使夹具夹住标定尖锥
3		夹取夹具完成

续表 4.2

序号	图片示例	操作步骤
4		拖动机器人到初始点位置
5		在任务中添加 "⌄"（关节运动）
6		单击 "⌄"（关节运动），点击【＋】添加点 "Pose1"，点击【Continue】进行下一步

续表 4.2

序号	图片示例	操作步骤
7	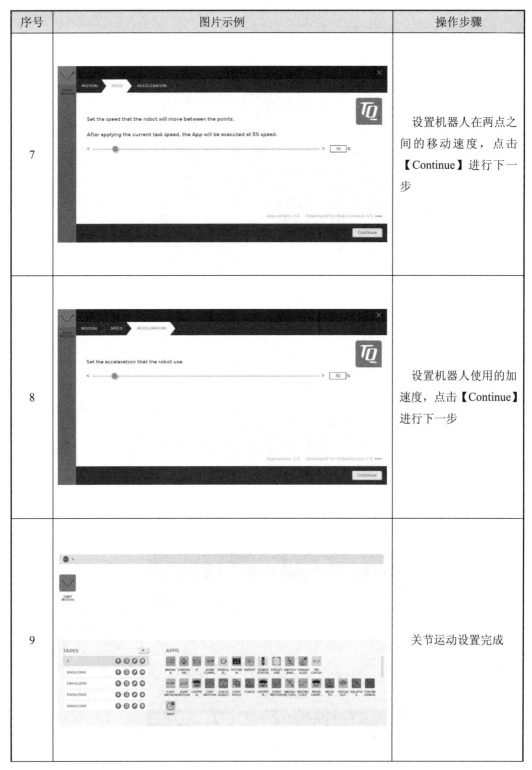	设置机器人在两点之间的移动速度，点击【Continue】进行下一步
8		设置机器人使用的加速度，点击【Continue】进行下一步
9		关节运动设置完成

续表 4.2

序号	图片示例	操作步骤
10		拖动机器人到安全点位置
11		再次单击"⌄"（关节运动）打开
12		点击【＋】添加点【Pose2】，点击【Continue】进行下一步。（速度和加速度同上，下面不再讲解）

续表 4.2

序号	图片示例	操作步骤
13	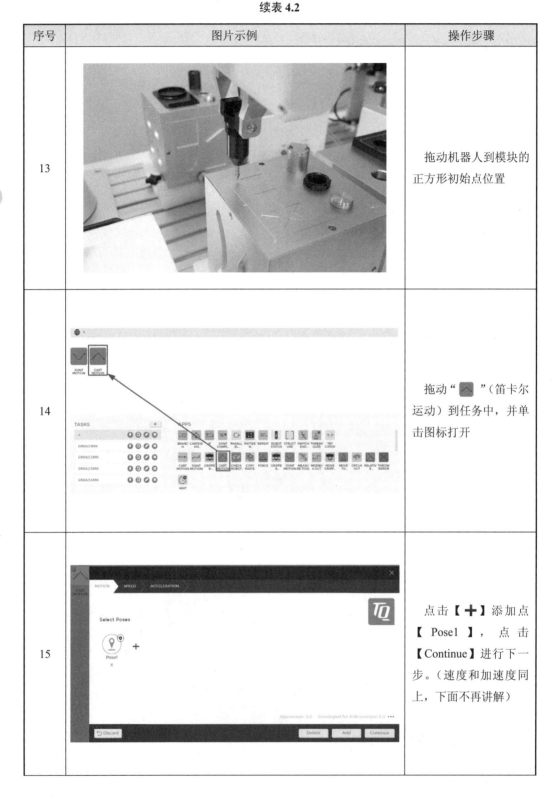	拖动机器人到模块的正方形初始点位置
14		拖动"∧"（笛卡尔运动）到任务中，并单击图标打开
15		点击【＋】添加点【Pose1】，点击【Continue】进行下一步。（速度和加速度同上，下面不再讲解）

续表 4.2

序号	图片示例	操作步骤
16		拖动机器人到模块的正方形过渡点 1 位置
17		点击【＋】添加点【Pose2】，点击【Continue】进行下一步
18		拖动机器人到模块的过渡点 2 位置

续表 **4.2**

序号	图片示例	操作步骤
19	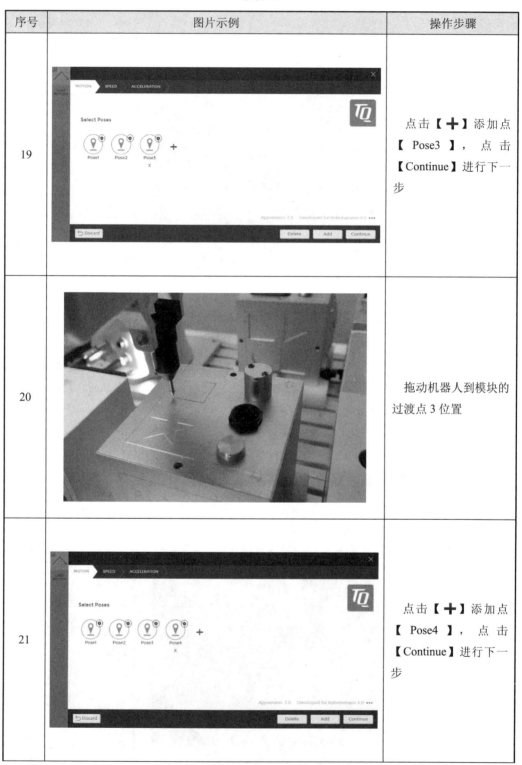	点击【＋】添加点【Pose3】，点击【Continue】进行下一步
20		拖动机器人到模块的过渡点 3 位置
21		点击【＋】添加点【Pose4】，点击【Continue】进行下一步

续表 4.2

序号	图片示例	操作步骤
22	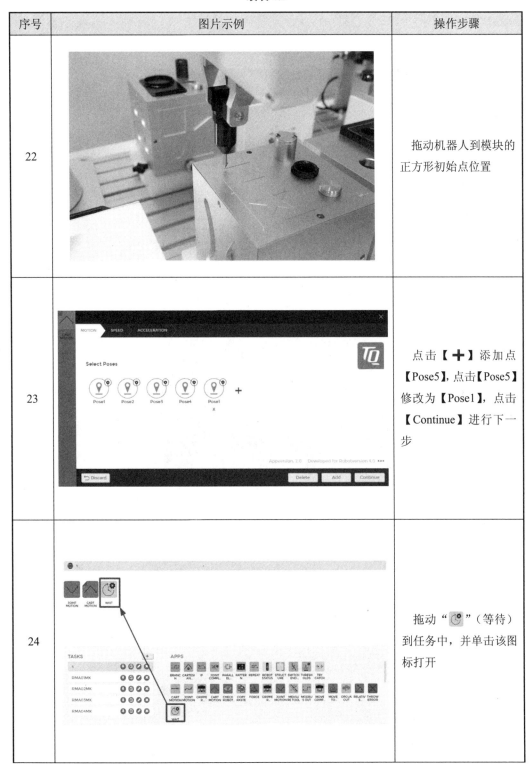	拖动机器人到模块的正方形初始点位置
23		点击【＋】添加点【Pose5】，点击【Pose5】修改为【Pose1】，点击【Continue】进行下一步
24		拖动"🕐"（等待）到任务中，并单击该图标打开

续表 4.2

序号	图片示例	操作步骤
25	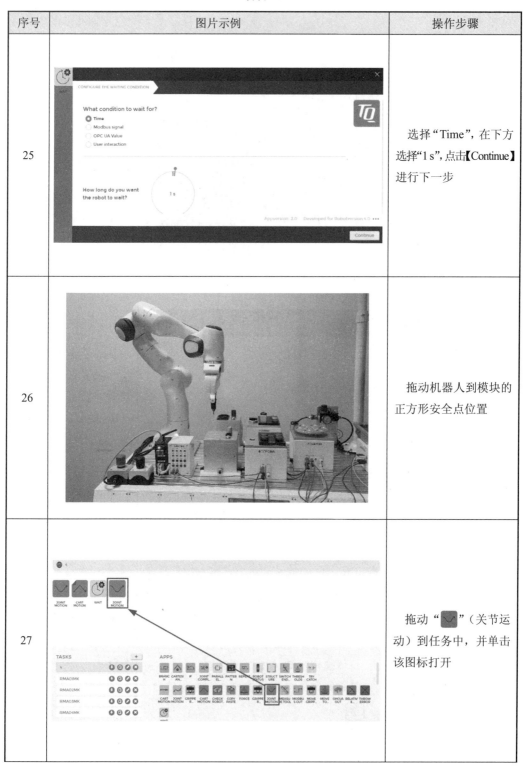	选择"Time"，在下方选择"1 s"，点击【Continue】进行下一步
26		拖动机器人到模块的正方形安全点位置
27		拖动"⌄"（关节运动）到任务中，并单击该图标打开

续表 4.2

序号	图片示例	操作步骤
28	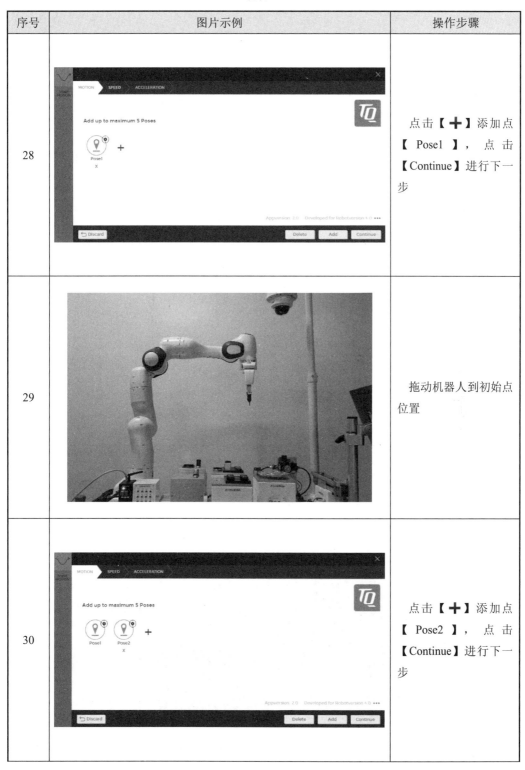	点击【＋】添加点【Pose1】，点击【Continue】进行下一步
29		拖动机器人到初始点位置
30		点击【＋】添加点【Pose2】，点击【Continue】进行下一步

续表 4.2

序号	图片示例	操作步骤
31	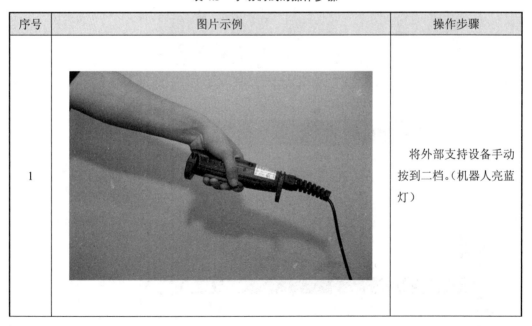	程序编写完成

4.4.4　关联程序设计

本项目无需关联程序设计。

4.4.5　项目程序调试

项目程序调试为手动调试，操作步骤见表 4.3。

表 4.3　手动调试的操作步骤

序号	图片示例	操作步骤
1		将外部支持设备手动按到二档。（机器人亮蓝灯）

续表 4.3

序号	图片示例	操作步骤
2	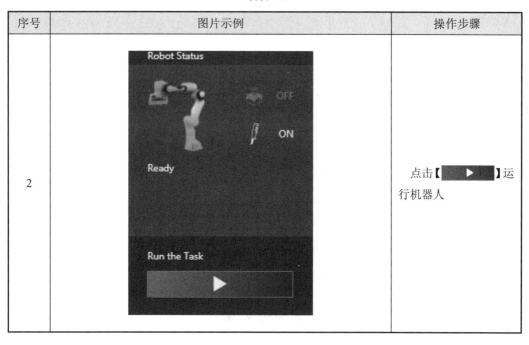	点击【 ▶ 】运行机器人

4.4.6　项目总体运行

项目总体运行采用自动运行，操作步骤见表 4.4。

表 4.4　自动运行的操作步骤

序号	图片示例	操作步骤
1		将外部激活设备手动拉起。（机器人亮蓝灯）

续表 4.4

序号	图片示例	操作步骤
2	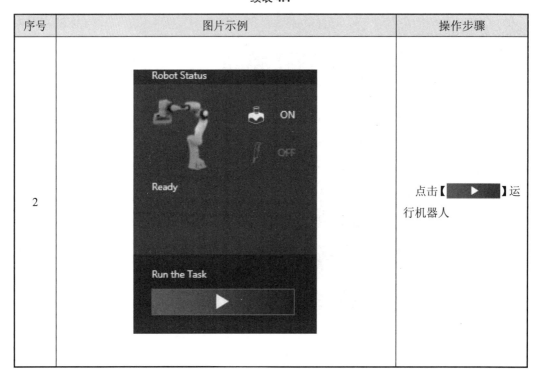	点击【 ▶ 】运行机器人

4.5　项目验证

4.5.1　效果验证

※ 基础运动项目验证及总结

项目运行完成后，得到的效果应如图 4.3 所示，尖锥夹具从初始点运动到过渡点后，直线运动到正方形的第一点，然后按照图 4.3 所示的路径进行运动，最后回到初始点。

4.5.2　数据验证

程序编写完成后，可查看每一点的位姿数据，通过点位信息也可验证程序的可行性，操作步骤见表 4.5。

表 4.5　数据验证的操作步骤

序号	图片示例	操作步骤
1	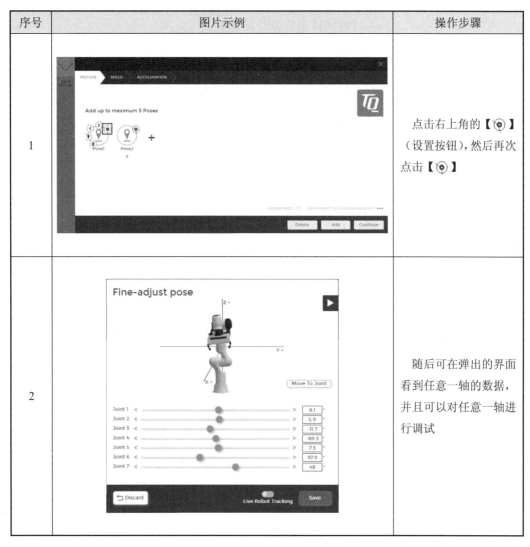	点击右上角的【⚙】（设置按钮），然后再次点击【⚙】
2		随后可在弹出的界面看到任意一轴的数据，并且可以对任意一轴进行调试

4.6　项目总结

4.6.1　项目评价

本项目基于基础实训模块，主要介绍了机器人的直线运动指令应用和轨迹运动，通过本项目的训练，可实现以下目的：

（1）学会使用机器人轨迹运动指令。

（2）学会工作台各工作区的使用。

（3）掌握项目所使用的 APP。

4.6.2 项目拓展

通过本项目的学习，可以对项目进行以下的拓展：

利用尖锥夹具完成基础模块上五角星的轨迹示教，同时要求机器人精准到达每个示教点（需要把目标点位的精确点选项打开），如图 4.10 所示。

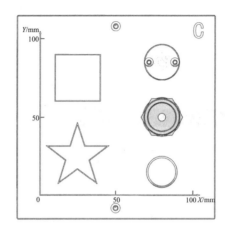

图 4.10 项目拓展

第 5 章 物料搬运项目应用

5.1 项目概况

5.1.1 项目背景

搬运机器人在解决劳动力不足,提高劳动生产效率,降低生产成本,降低人工劳动力,改善生产环境等方面具有很大潜力。搬运机器人有着丰富多样的夹爪形式,可广泛应用于饲料、化肥、石化、饮料、食品、药品、啤酒、日化等多种行业。物料搬运模块如图 5.1 所示。

❋ 物料搬运项目概况及分析

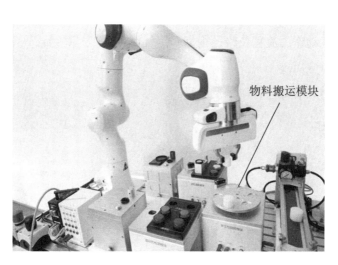

物料搬运模块

图 5.1 物料搬运模块

5.1.2 项目需求

本项目为基于手动示教的搬运项目,通过手动示教结合物料搬运模块,对物料平台的多个位置进行多次抓取,如图 5.2 所示。

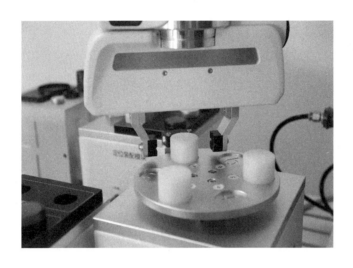

图 5.2　物料抓取

5.1.3　项目目的

在本项目的学习训练中需实现以下目的：

（1）了解搬运项目应用的场景及项目的意义。

（2）熟悉搬运动作的流程及路径规划。

（3）掌握项目应用。

（4）掌握机器人的编程、调试及运行。

5.2　项目分析

5.2.1　项目构架

本项目的整体构架如图 5.3 所示，机器人从初始点出发，示教多个抓取位置和多个放置位置，实现多工位抓取，路径规划：初始点→抓取位安全点→抓取点 1→抓取位安全点→放置位安全点→放置点 1→放置位安全点→抓取位安全点→抓取点 2→抓取位安全点→放置位安全点→放置点 2→放置位安全点→抓取位安全点→抓取点 3→抓取位安全点→放置位安全点→放置点 3→初始点。

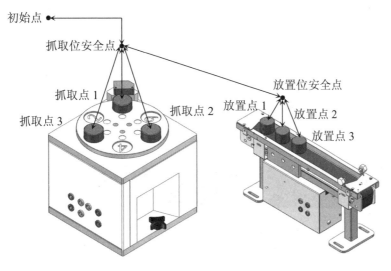

图 5.3　项目构架

5.2.2　项目流程

在基于机器人手动示教的搬运项目实施过程中，需要包含以下环节：

（1）对项目进行分析，可知此项目使用夹爪控制和图案进行运动。

（2）创建程序，编写搬运运动程序，调试检查程序，确认无误后运行程序，观察程序运行结果。

物料搬运项目流程如图 5.4 所示。

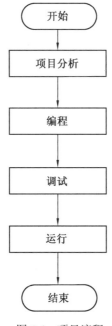

图 5.4　项目流程

5.3　项目要点

5.3.1　夹爪控制应用

夹爪抓取界面如图 5.5 所示，夹爪放置界面如图 5.6
所示。

※　物料搬运项目要点及步骤

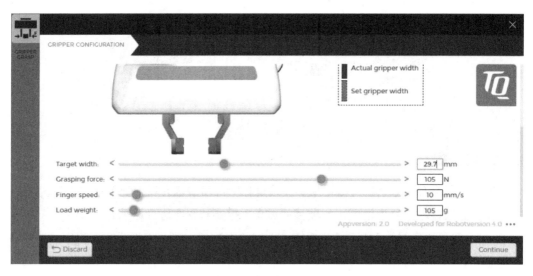

图 5.5　夹爪抓取界面

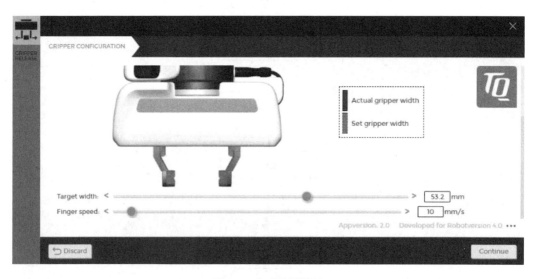

图 5.6　夹爪放置界面

84

5.3.2　图案应用

图案应用通过示教最小数量的点来计算不同的图案，其界面如图 5.7 所示。

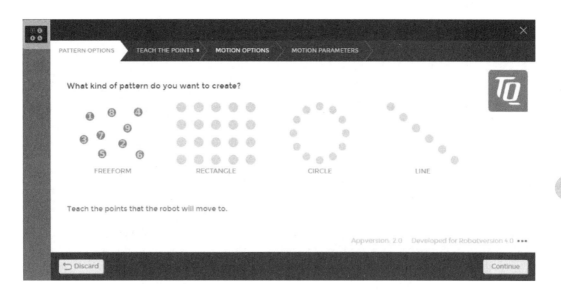

图 5.7　图案应用

5.3.3　循环应用

循环应用又称重复应用，其界面如图 5.8 所示。

图 5.8　循环应用

5.4 项目步骤

5.4.1 应用系统连接

HRG-HD1XKE 型工业机器人技能考核实训台包含一系列实训模块用于实操训练，在项目编程前需要安装多工位实训模块和所需工具，应用系统连接如图 5.9 所示。

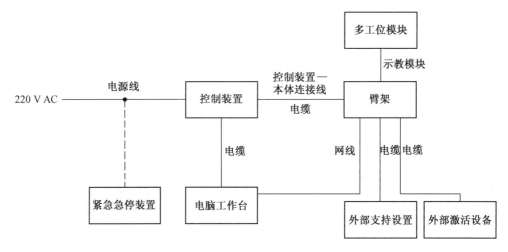

图 5.9　应用系统连接

5.4.2 应用系统配置

应用系统配置的操作步骤见表 5.1。

表 5.1　应用系统配置的操作步骤

序号	图片示例	操作步骤
1		（1）开启控制装置，把电源电缆品字插头插入工频交流电源插座，控制装置上电成功。 （2）将紧急停止按钮向上拉起。 （3）电源开关从 OFF 按至 ON 状态，电源指示灯亮。 （4）机器人系统上电成功

续表 5.1

序号	图片示例	操作步骤
2	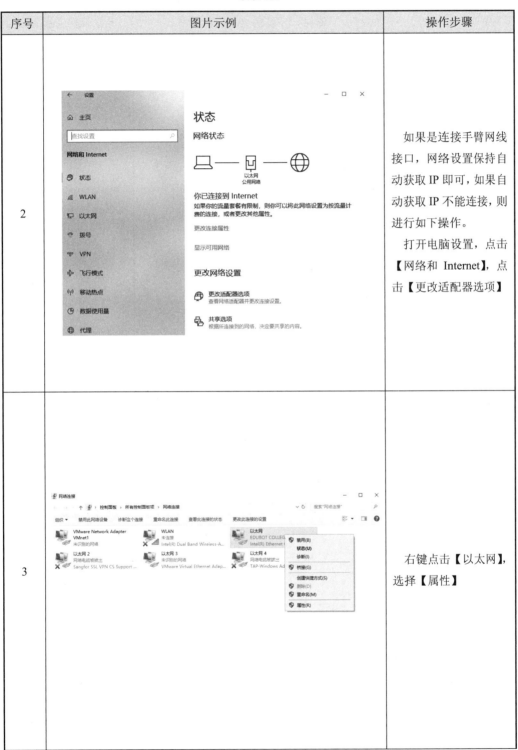	如果是连接手臂网线接口，网络设置保持自动获取 IP 即可，如果自动获取 IP 不能连接，则进行如下操作。 　　打开电脑设置，点击【网络和 Internet】，点击【更改适配器选项】
3		右键点击【以太网】，选择【属性】

续表 **5.1**

序号	图片示例	操作步骤
4	**以太网 属性** ✕ 网络　共享 连接时使用: Intel(R) Ethernet Connection (4) I219-V 配置(C)... 此连接使用下列项目(O): ☑ Microsoft 网络客户端 ☑ VMware Bridge Protocol ☑ Microsoft 网络的文件和打印机共享 ☑ QoS 数据包计划程序 ☑ Internet 协议版本 4 (TCP/IPv4) ☐ Microsoft 网络适配器多路传送器协议 ☑ PROFINET IO protocol (DCP/LLDP) ☑ Microsoft LLDP 协议驱动程序 安装(N)...　卸载(U)　属性(R) 描述 传输控制协议/Internet 协议。该协议是默认的广域网络协议，用于在不同的相互连接的网络上通信。 确定　取消	双击【Internet 协议版本 4（TCP/IPv4）】
5	Internet 协议版本 4 (TCP/IPv4) 属性 ✕ 常规 如果网络支持此功能，则可以获取自动指派的 IP 设置。否则，你需要从网络系统管理员处获得适当的 IP 设置。 ○ 自动获得 IP 地址(O) ◉ 使用下面的 IP 地址(S): 　IP 地址(I):　192.168.0.250 　子网掩码(U):　255.255.255.0 　默认网关(D): ○ 自动获得 DNS 服务器地址(B) ◉ 使用下面的 DNS 服务器地址(E): 　首选 DNS 服务器(P): 　备用 DNS 服务器(A): ☐ 退出时验证设置(L)　高级(V)... 确定　取消	选择"使用下面的 IP 地址（S）"，并在"IP 地址（I）"中填写"192.168.0.250"，填写默认子网掩码"255.255.255.0"，然后点击【确定】

续表 5.1

序号	图片示例	操作步骤
6	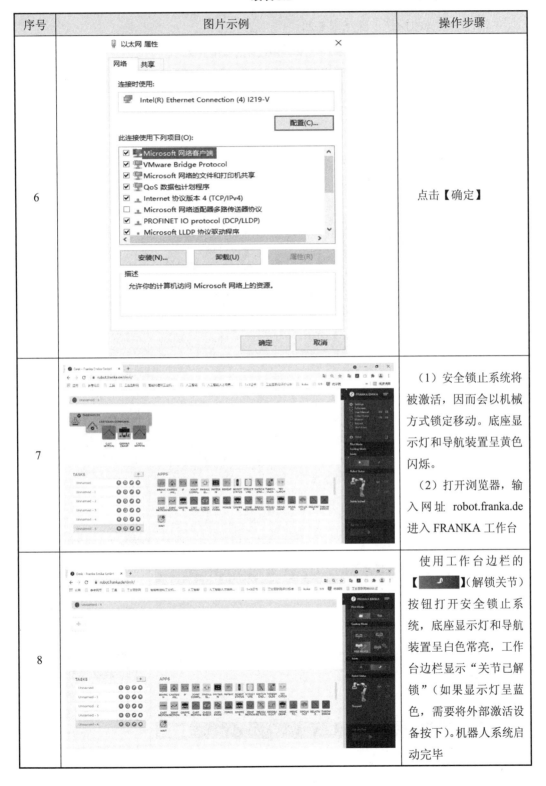	点击【确定】
7		（1）安全锁止系统将被激活，因而会以机械方式锁定移动。底座显示灯和导航装置呈黄色闪烁。 （2）打开浏览器，输入网址 robot.franka.de 进入 FRANKA 工作台
8		使用工作台边栏的【 　 】（解锁关节）按钮打开安全锁止系统，底座显示灯和导航装置呈白色常亮，工作台边栏显示"关节已解锁"（如果显示灯呈蓝色，需要将外部激活设备按下）。机器人系统启动完毕

5.4.3　主体程序设计

主体程序设计的操作步骤见表 5.2。

表 5.2　主体程序设计的操作步骤

序号	图片示例	操作步骤
1		拖动机器人到初始点位置
2		拖动"📷"（重复）到任务中，并单击该图标打开。 注：使用"🔲"（图案）必须有"📷"（重复）存在
3		重复（Repetition mode）模式选择"Count"，重复次数（Number of repetition）选择无限（默认为无限）。然后点击【Continue】设置完毕

续表 5.2

序号	图片示例	操作步骤
4	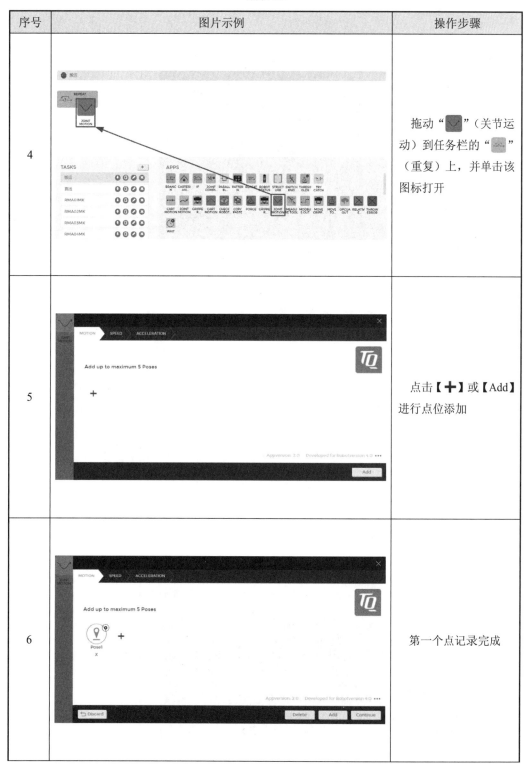	拖动 " " （关节运动）到任务栏的 " " （重复）上，并单击该图标打开
5		点击【＋】或【Add】进行点位添加
6		第一个点记录完成

续表 5.2

序号	图片示例	操作步骤
7	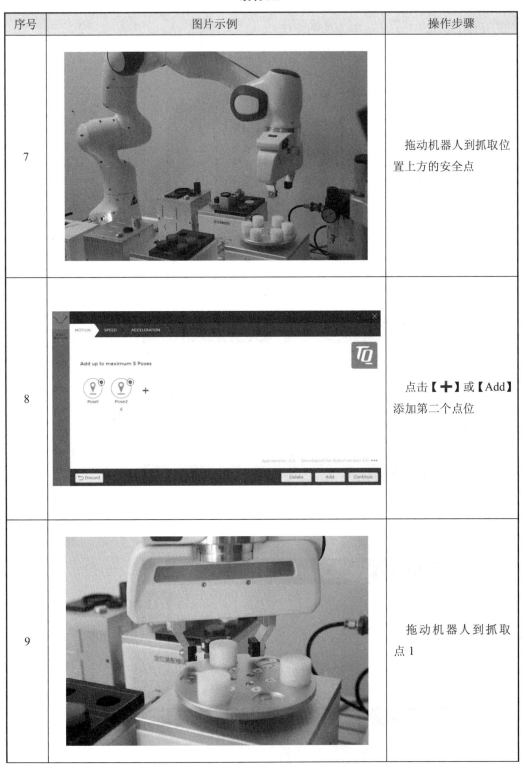	拖动机器人到抓取位置上方的安全点
8		点击【＋】或【Add】添加第二个点位
9		拖动机器人到抓取点 1

续表 5.2

序号	图片示例	操作步骤
10	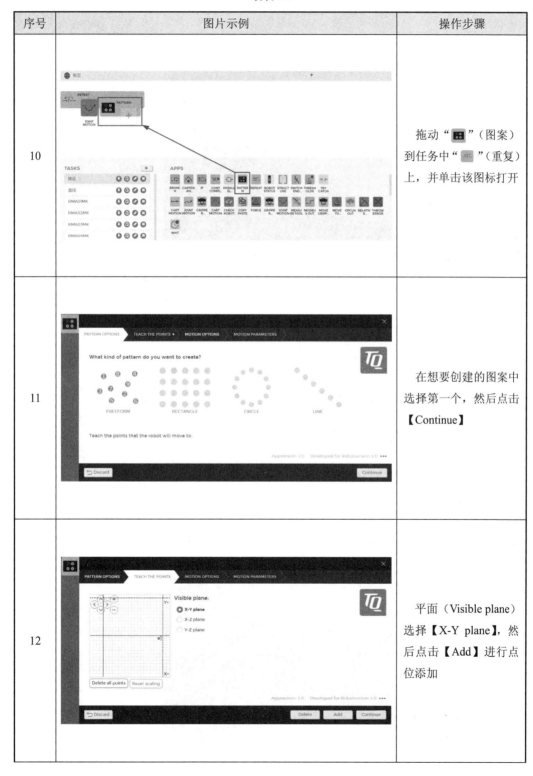	拖动 " " (图案) 到任务中 " " (重复) 上, 并单击该图标打开
11		在想要创建的图案中选择第一个, 然后点击【Continue】
12		平面 (Visible plane) 选择【X-Y plane】, 然后点击【Add】进行点位添加

续表 5.2

序号	图片示例	操作步骤
13	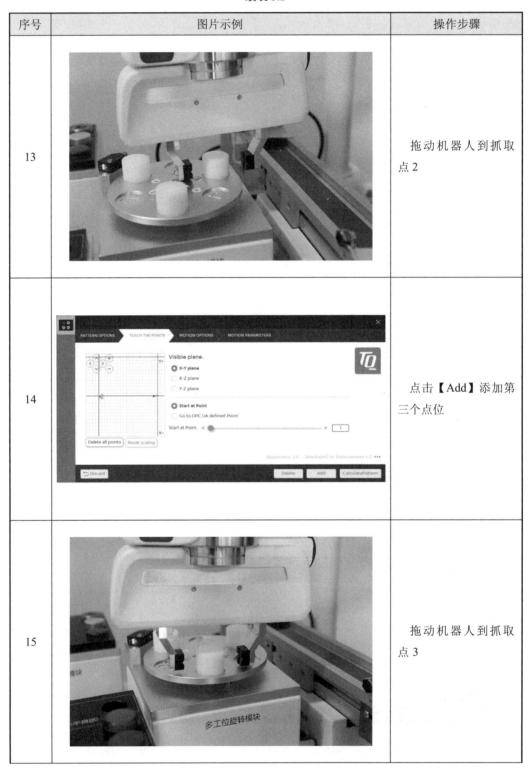	拖动机器人到抓取点 2
14		点击【Add】添加第三个点位
15		拖动机器人到抓取点 3

续表 5.2

序号	图片示例	操作步骤
16	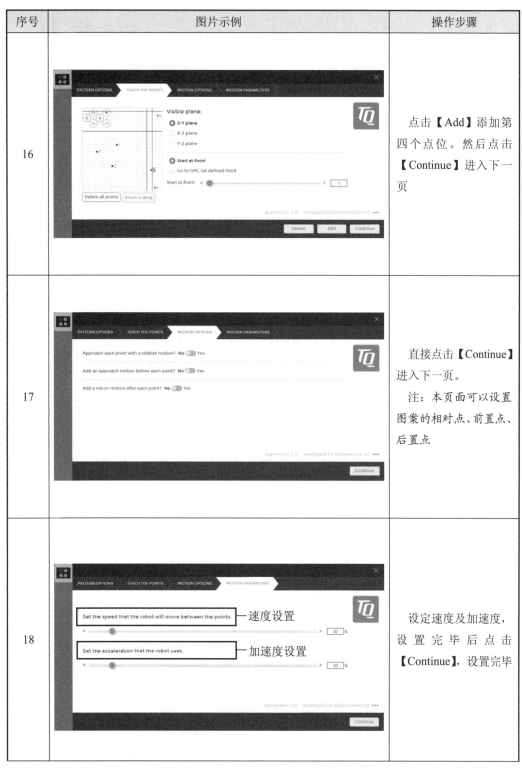	点击【Add】添加第四个点位。然后点击【Continue】进入下一页
17		直接点击【Continue】进入下一页。 注：本页面可以设置图案的相对点、前置点、后置点
18		设定速度及加速度，设置完毕后点击【Continue】，设置完毕

续表 5.2

序号	图片示例	操作步骤
19	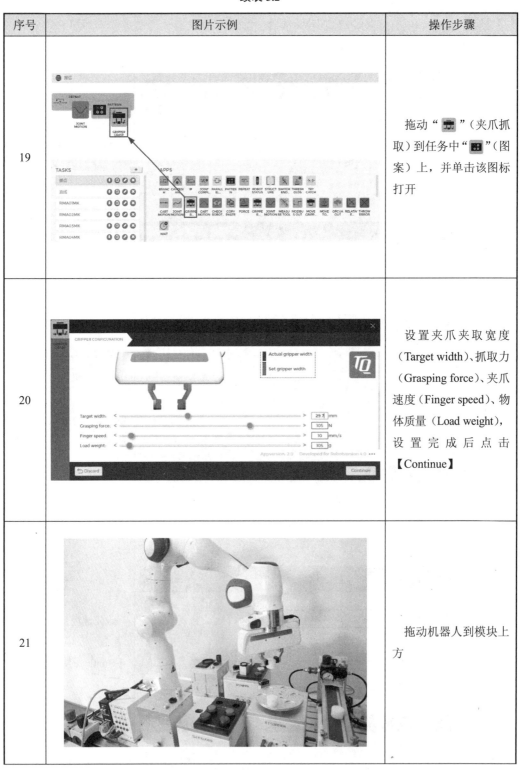	拖动"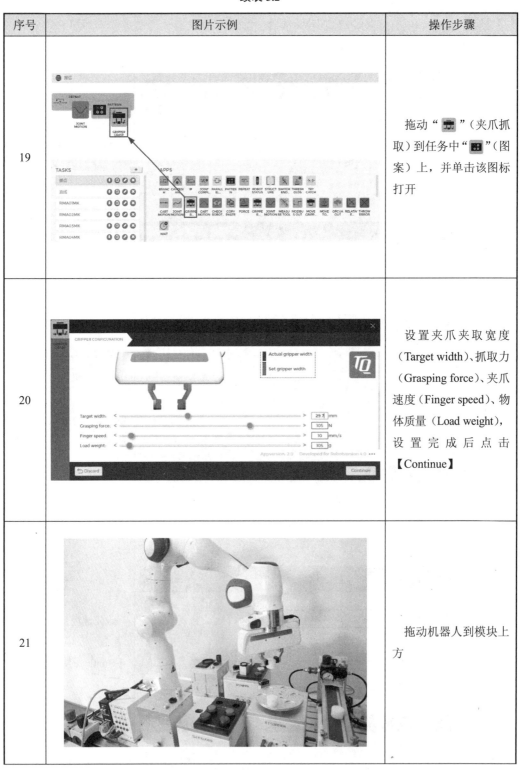"（夹爪抓取）到任务中"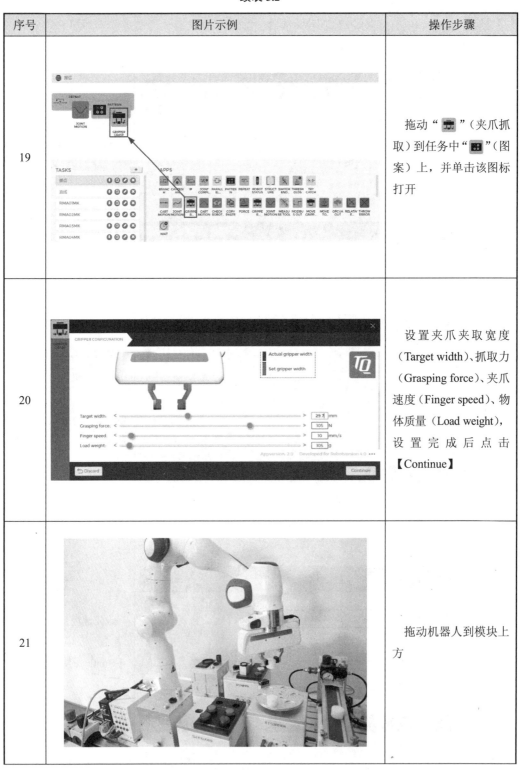"（图案）上，并单击该图标打开
20		设置夹爪夹取宽度（Target width）、抓取力（Grasping force）、夹爪速度（Finger speed）、物体质量（Load weight），设置完成后点击【Continue】
21		拖动机器人到模块上方

续表 5.2

序号	图片示例	操作步骤
22	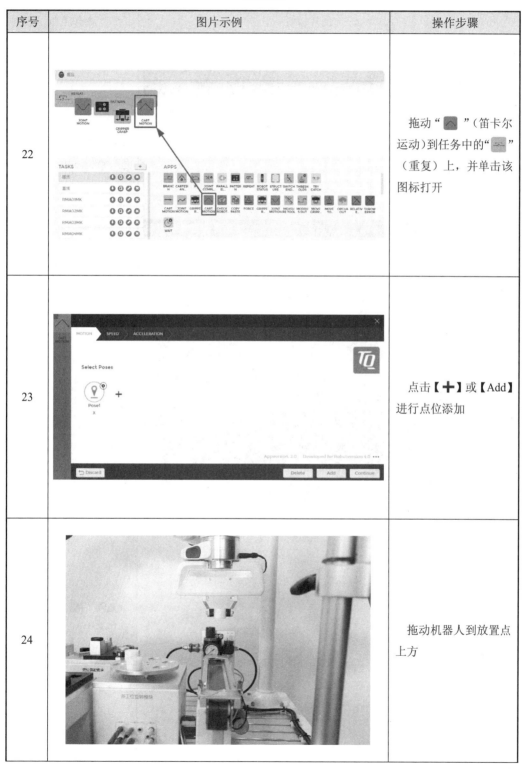	拖动" [图] "（笛卡尔运动）到任务中的" [图] "（重复）上，并单击该图标打开
23		点击【＋】或【Add】进行点位添加
24		拖动机器人到放置点上方

续表 5.2

序号	图片示例	操作步骤
25	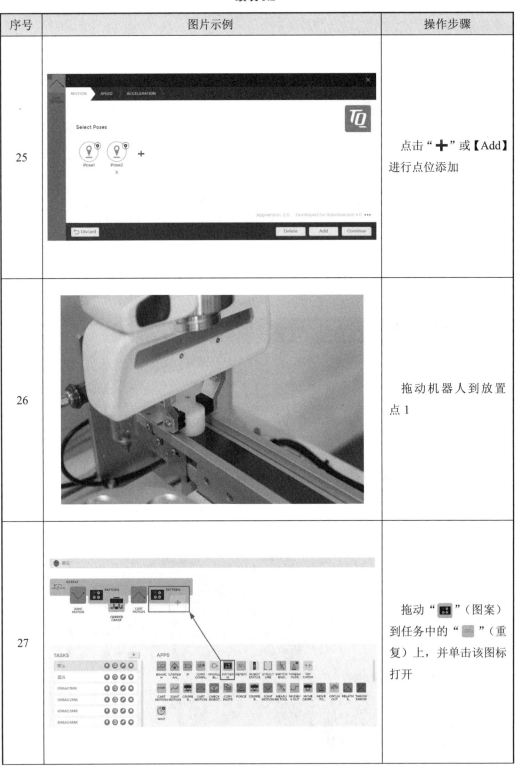	点击"➕"或【Add】进行点位添加
26		拖动机器人到放置点 1
27		拖动"⬛"（图案）到任务中的"▦"（重复）上，并单击该图标打开

续表 5.2

序号	图片示例	操作步骤
28	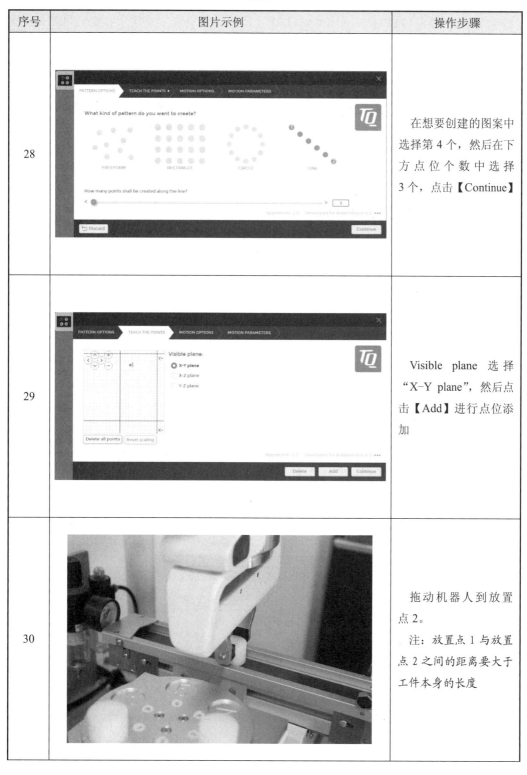	在想要创建的图案中选择第 4 个，然后在下方点位个数中选择 3 个，点击【Continue】
29		Visible plane 选择 "X-Y plane"，然后点击【Add】进行点位添加
30		拖动机器人到放置点 2。 注：放置点 1 与放置点 2 之间的距离要大于工件本身的长度

续表 5.2

序号	图片示例	操作步骤
31	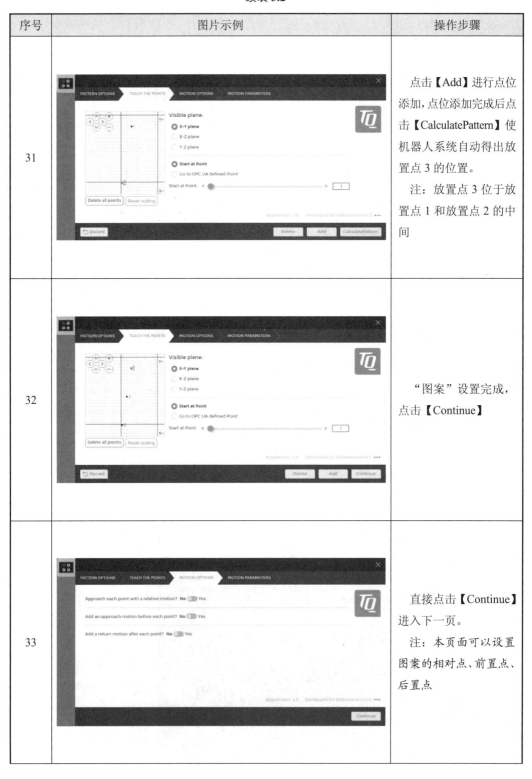	点击【Add】进行点位添加，点位添加完成后点击【CalculatePattern】使机器人系统自动得出放置点 3 的位置。 注：放置点 3 位于放置点 1 和放置点 2 的中间
32		"图案"设置完成，点击【Continue】
33		直接点击【Continue】进入下一页。 注：本页面可以设置图案的相对点、前置点、后置点

续表 5.2

序号	图片示例	操作步骤
34	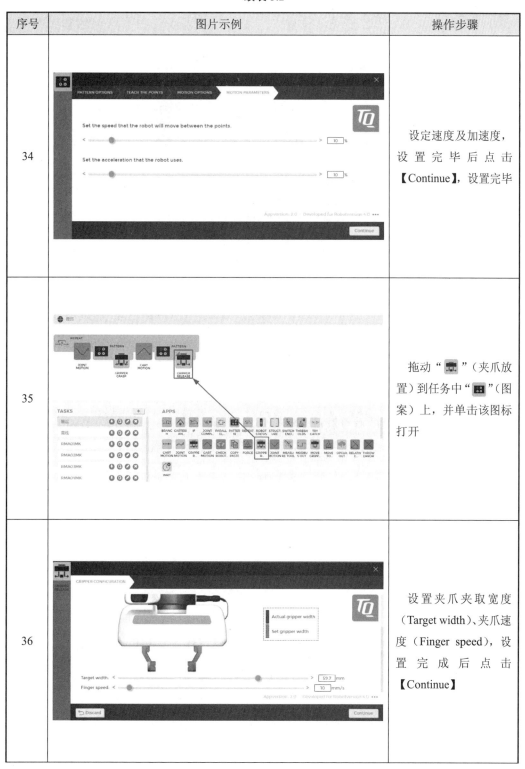	设定速度及加速度，设置完毕后点击【Continue】，设置完毕
35		拖动"📦"（夹爪放置）到任务中"📦"（图案）上，并单击该图标打开
36		设置夹爪夹取宽度（Target width）、夹爪速度（Finger speed），设置完成后点击【Continue】

续表 5.2

序号	图片示例	操作步骤
37	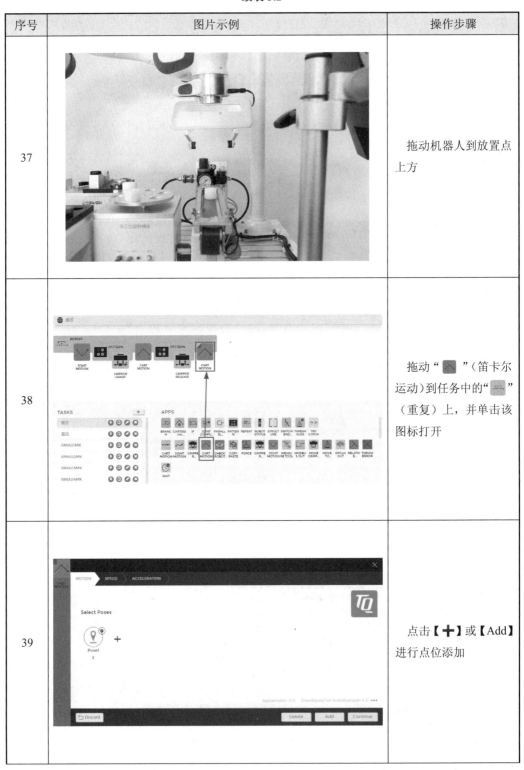	拖动机器人到放置点上方
38		拖动"⋀"（笛卡尔运动）到任务中的"⋔"（重复）上，并单击该图标打开
39		点击【＋】或【Add】进行点位添加

续表 5.2

序号	图片示例	操作步骤
40		拖动机器人回到初始点
41		点击【＋】或【Add】进行点位添加
42		程序设计完毕

5.4.4 关联程序设计

本项目无需关联程序设计。

5.4.5 项目程序调试

项目程序调试为手动调试，操作步骤见表5.3。

表 5.3　手动调试的操作步骤

序号	图片示例	操作步骤
1	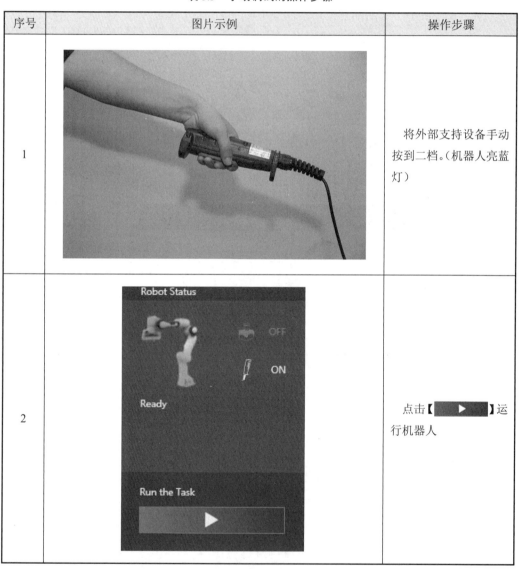	将外部支持设备手动按到二档。（机器人亮蓝灯）
2		点击【　▶　】运行机器人

5.4.6 项目总体运行

项目总体运行采用自动运行，操作步骤见表5.4。

表 5.4　自动运行的操作步骤

序号	图片示例	操作步骤
1		将外部激活设备手动拉起。(机器人亮蓝灯)
2	Robot Status　ON　OFF　Ready　Run the Task	点击【 ▶ 】运行机器人

5.5　项目验证

5.5.1　效果验证

项目运行完成后,得到的效果应如图 5.3 所示,夹具从初始点运动到安全点后,直线运动到多工位模块的第一个抓取点,然后在放置点放置,并且在循环模式下进行多次多工位夹取不同位置放置,按照图 5.3 所示的路径进行运动,最后回到初始点。

※　物料搬运项目验证及总结

105

5.5.2 数据验证

程序编写完成后，可查看每一点的位姿数据，通过点位信息也可验证程序的可行性，操作步骤见表 5.4。

表 5.5　数据验证的操作步骤

序号	图片示例	操作步骤
1	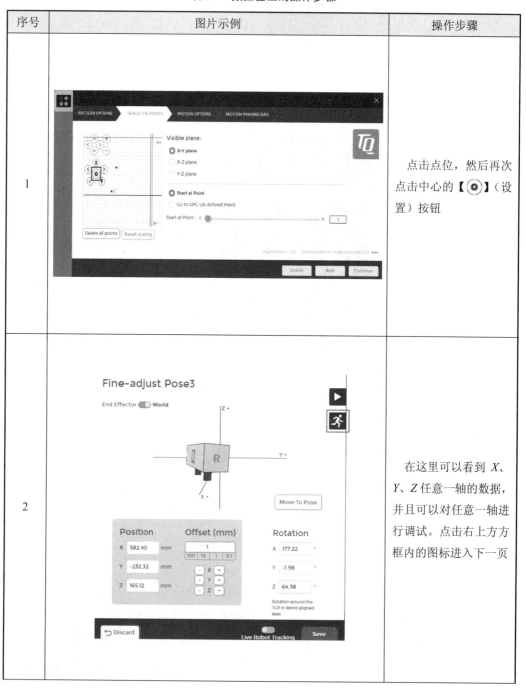	点击点位，然后再次点击中心的【⚙】（设置）按钮
2		在这里可以看到 X、Y、Z 任意一轴的数据，并且可以对任意一轴进行调试。点击右上方方框内的图标进入下一页

续表 5.5

序号	图片示例	操作步骤
3	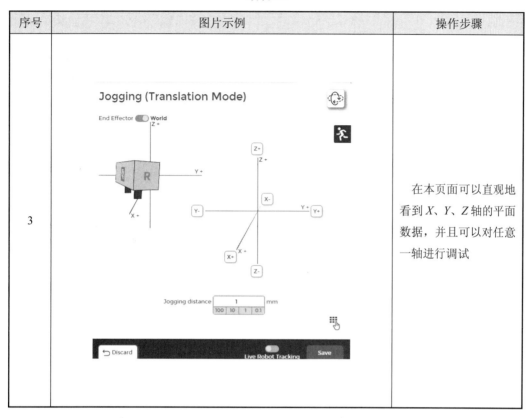	在本页面可以直观地看到 *X*、*Y*、*Z* 轴的平面数据，并且可以对任意一轴进行调试

5.6　项目总结

5.6.1　项目评价

本项目主要讲解利用异步输送带模块模拟工业现场流水线作业的方法，通过本项目的学习，可了解或掌握以下内容：

（1）了解搬运项目应用的场景及项目的意义。

（2）掌握机器人的动作流程。

（3）掌握项目所使用的 APP。

（4）掌握根据动作流程编写、调试及运行程序的方法。

5.6.2　项目拓展

通过本项目的学习，可以对项目进行以下的拓展：

将输送带上的物料依次搬运到转盘上，如图 5.10 所示。

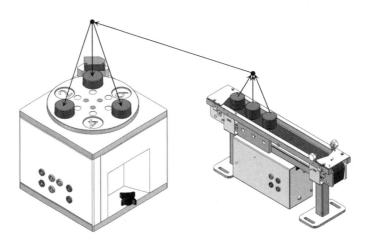

图 5.10　项目拓展

第 6 章　输送搬运项目应用

6.1　项目概况

6.1.1　项目背景

❋ 输送搬运项目概况及分析

随着工业自动化的发展，很多轻工业相继采用自动化流水线作业，不仅效率提升几十倍，生产成本也降低了。随着用工荒和劳动力成本上涨，以劳动密集型企业为主的中国制造业进入新的发展状态，机器人搬运码垛生产线开始进入配送、搬运、码垛等工作领域。图 6.1 所示为模拟工业自动化流水线的输送带搬运应用。

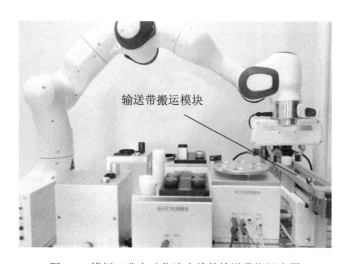

图 6.1　模拟工业自动化流水线的输送带搬运应用

6.1.2　项目需求

本项目为基于物料检测的输送带搬运项目，利用异步输送带实训模块，通过物料检测与物料搬运操作来介绍 IO 应用和路径示教方法。异步输送带实训模块上的传送带开启后，圆饼状的搬运物料在摩擦力的作用下向模块的一侧运动，当数字输入端口接收到来料检测传感器输出的来料信号时，机器人按规划路径运动，并在预定位置通过数字输出信号控制吸盘吸取和释放物料，如图 6.2 所示。

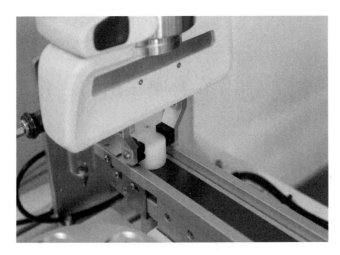

图 6.2　输送带放置

6.1.3　项目目的

在本项目的学习训练中需实现以下目的：

（1）了解输送带搬运项目应用的场景及项目的意义。

（2）熟悉输送带搬运动作的流程及路径规划。

（3）掌握机器人 IO 的设置。

（4）掌握机器人的编程、调试及运行。

6.2　项目分析

6.2.1　项目构架

本项目的整体构架如图 6.3 所示，项目中需用到 PLC 与机器人进行交互，需要将 PLC 的网线及机器人本体的网线都插到交换机，然后通过光电传感器对物料进行到位检测。当 PLC 检测到相应信号输入时，会将信号发送给机器人，使执行机构按要求的动作顺序进行轨迹运动。

路径规划：初始点（机器人原点）→放置位安全点→信号 2 输入→抓取位安全点→抓取点→抓取位安全点→放置位安全点→放置点→放置位安全点。

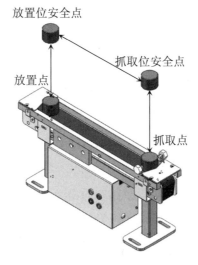

图 6.3　项目构架

6. 2. 2　项目流程

在基于物料检测的输送带搬运项目实施过程中，需要包含以下环节：

（1）对项目进行分析，可知此项目需在输送带上实现搬运物料的操作。

（2）对光电传感器进行硬件连接。

（3）创建程序，编写程序，调试检查程序，确认无误后运行程序，观察程序运行结果。

整体的输送带搬运项目流程如图 6.4 所示。

图 6.4　项目流程

6.3 项目要点

※ 输送搬运项目要点及步骤

从对项目流程的分析来看，在项目应用中需要经历项目分析、信号配置、信号应用、程序编程等操作。所以，本项目要点包括路径规划、信号配置、信号应用和指令分析。

6.3.1 Modbus 通信协议

Modbus TCP/IP 是一种客户机-服务器协议，用于通过以太网在不同控制器之间交换过程数据。它为分散控制体系结构提供了高度的灵活性。在 Modbus 网络中，每个参与者既可以是服务器，也可以是客户机。为了交换数据，客户机向服务器发送一个数据请求。根据请求，服务器将仅用一条成功消息或请求的数据来响应请求。如果应与 Modbus 服务器建立通信，客户机需要知道服务器的 IP 地址和 Modbus 端口（在大多数情况下为 502）。Modbus 区分以下 4 种数据类型，见表 6.1。

表 6.1 数据类型

类型	存取	大小
输出位	读取	1 bit
位	读取/写入	1 bit
输入寄存器	读取	16 bits
保持寄存器	读取/写入	16 bits

服务器保存数据并根据请求向客户机提供信息。请求中的重要数据包括：

● 地址：服务器上请求的信息的地址。

● 功能：Modbus 功能代码。

● 数据：只有在调用写函数时才需要。在这种情况下，应写入的信息以数据形式传输。

Modbus 功能代码是服务器的标识符，用于选择正确的数据并在调用读取功能时返回，以及在调用写入功能时将接收的数据写入正确的范围。常见的 Modbus 功能见表 6.2。

表 6.2 常见的 Modbus 功能

功能	编码	操作	说明
01	(01 hex)	Read	读取离散输出线圈
02	(02 hex)	Read	读取离散输入触点
03	(03 hex)	Read	读取输出保持寄存器
04	(04 hex)	Read	读取输入型寄存器
06	(06 hex)	Write	写输出保持寄存器
15	(0F hex)	Write	写入离散输出线圈

6.3.2 PLC 应用基础

在 PLC 中设置服务器连接信号与 FRANKA 机器人客户端相连接，并且编写程序。

6.3.3 条件应用

条件应用，其界面如图 6.5 所示。

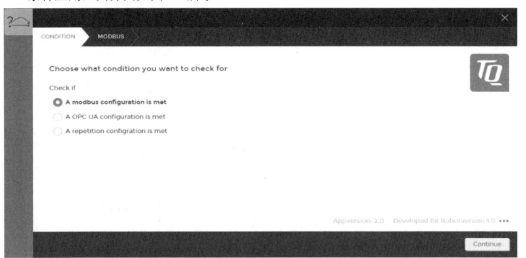

图 6.5 条件应用

6.3.4 相对运动应用

相对运动应用，其界面如图 6.6 所示。

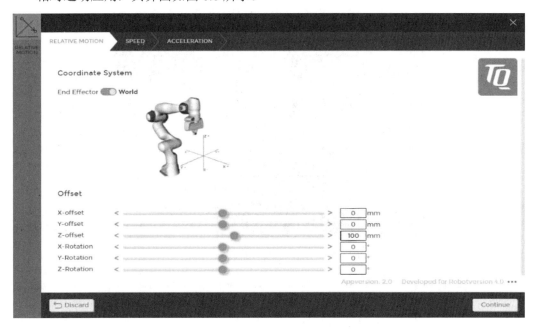

图 6.6 相对运动应用

6.4 项目步骤

6.4.1 应用系统连接

HRG-HD1XKE 型工业机器人技能考核实训台包含一系列实训模块用于实操训练，在项目编程前需要安装输送带实训模块和所需工具，应用系统连接如图 6.7 所示，模块连接如图 6.8 所示。

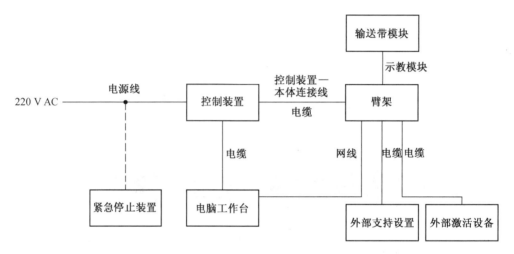

图 6.7　应用系统连接

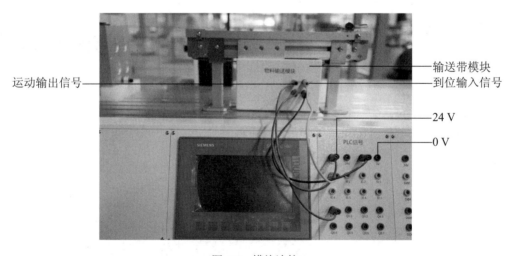

图 6.8　模块连接

6.4.2 应用系统配置

应用系统配置的操作步骤见表 6.3。

表 6.3　应用系统配置的操作步骤

序号	图片示例	操作步骤
1		（1）开启控制装置，把电源电缆品字插头插入工频交流电源插座，控制装置上电成功。 （2）将紧急停止按钮向上拉起。 （3）电源开关从 OFF 按至 ON 状态，电源指示灯亮。 （4）机器人系统上电成功
2		如果是连接手臂网线接口，网络设置保持自动获取 IP 即可。如果自动获取 IP 不能连接，则进行如下操作。 打开电脑设置，点击【网络和 Internet】，点击【更改适配器选项】
3		右键点击【以太网】，选择【属性】

续表 6.3

序号	图片示例	操作步骤
4	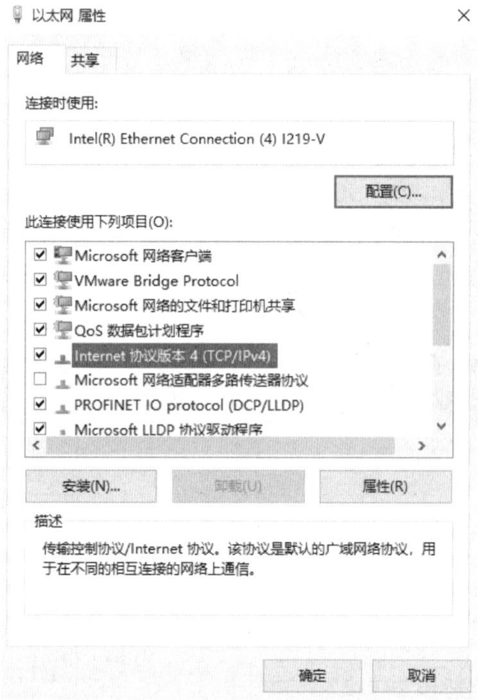	双击【Internet 协议版本 4（TCP/IPv4）】
5		选择"使用下面的 IP 地址（S）"，并在"IP 地址（I）"中填写"192.168.0.250"，填写默认子网掩码"255.255.255.0"，然后点击【确定】

116

续表 6.3

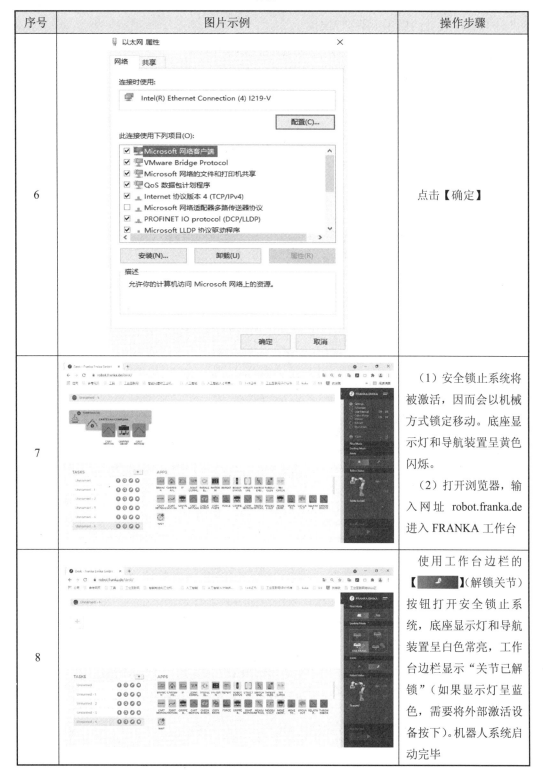

序号	图片示例	操作步骤
6		点击【确定】
7		（1）安全锁止系统将被激活，因而会以机械方式锁定移动。底座显示灯和导航装置呈黄色闪烁。 （2）打开浏览器，输入网址 robot.franka.de 进入 FRANKA 工作台
8		使用工作台边栏的【　　　】（解锁关节）按钮打开安全锁止系统，底座显示灯和导航装置呈白色常亮，工作台边栏显示"关节已解锁"（如果显示灯呈蓝色，需要将外部激活设备按下）。机器人系统启动完毕

6.4.3 主体程序设计

主体程序设计的操作步骤见表6.4。

表6.4 主体程序设计的操作步骤

序号	图片示例	操作步骤
1		拖动机器人到初始点位置
2		点击【＋】，创建任务输送带
3		拖动"∨"（关节运动）到任务中，并单击该图标打开

续表 6.4

序号	图片示例	操作步骤
4	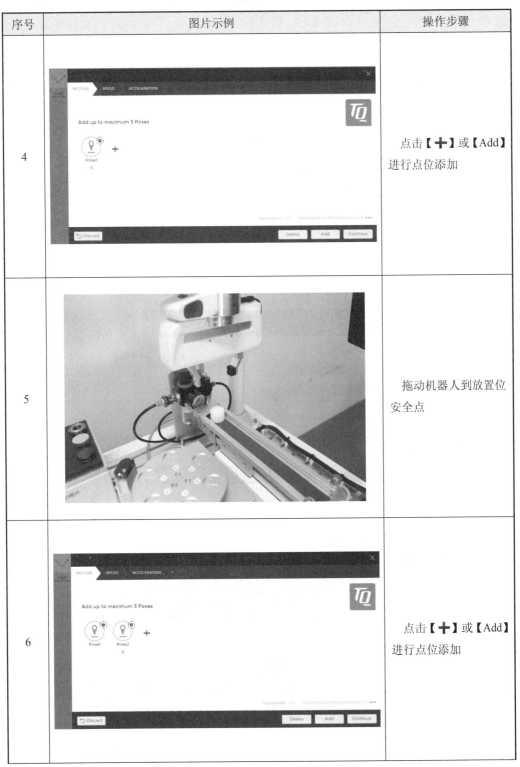	点击【＋】或【Add】进行点位添加
5		拖动机器人到放置位安全点
6		点击【＋】或【Add】进行点位添加

续表 6.4

序号	图片示例	操作步骤
7	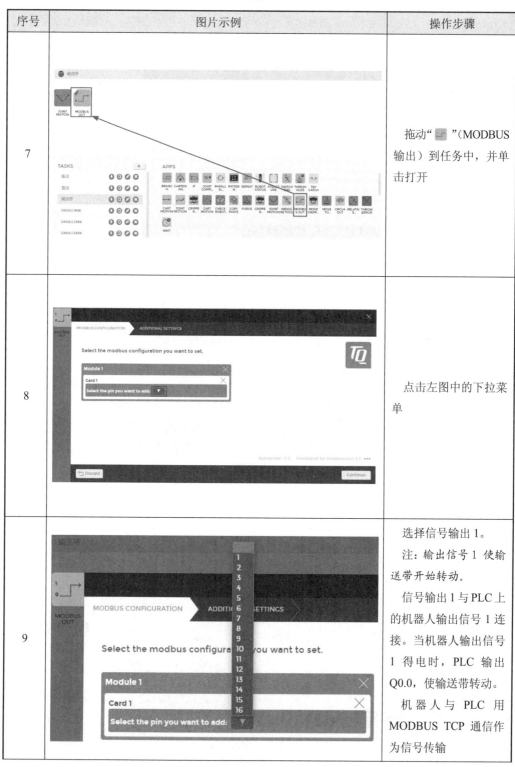	拖动"☐"（MODBUS 输出）到任务中，并单击打开
8		点击左图中的下拉菜单
9		选择信号输出 1。 注：输出信号 1 使输送带开始转动。 信号输出 1 与 PLC 上的机器人输出信号 1 连接。当机器人输出信号 1 得电时，PLC 输出 Q0.0，使输送带转动。 机器人与 PLC 用 MODBUS TCP 通信作为信号传输

续表 6.4

序号	图片示例	操作步骤
10	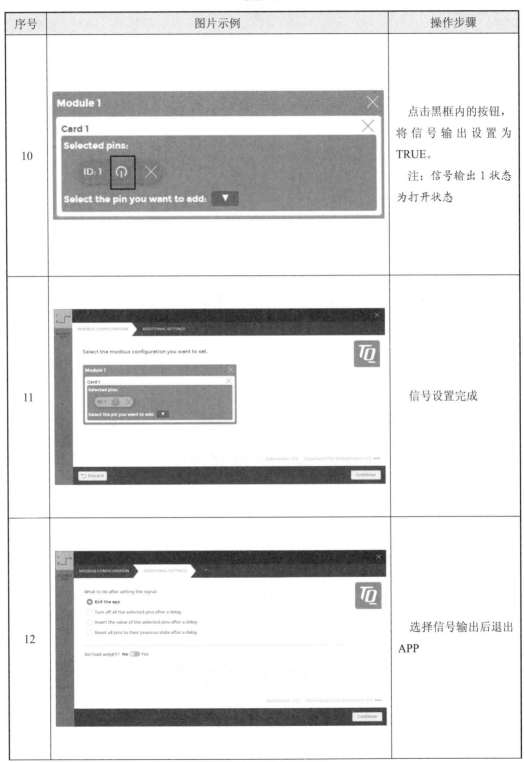	点击黑框内的按钮，将信号输出设置为TRUE。 注：信号输出 1 状态为打开状态
11		信号设置完成
12		选择信号输出后退出APP

续表 6.4

序号	图片示例	操作步骤
13	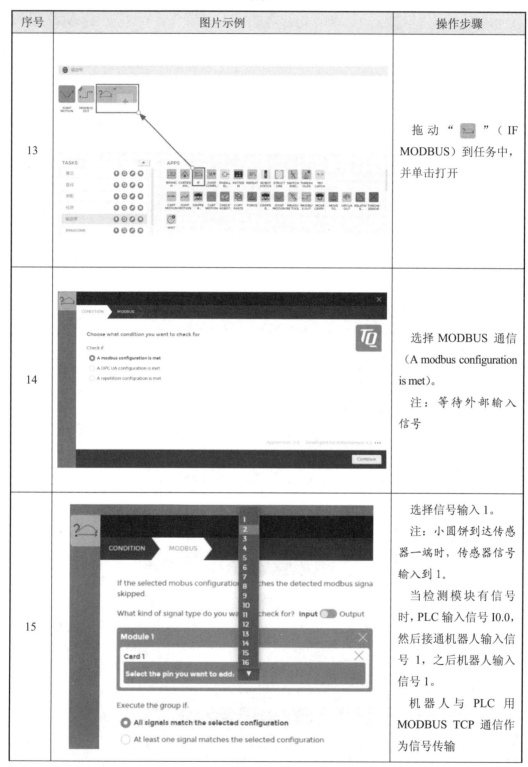	拖动" "（IF MODBUS）到任务中，并单击打开
14		选择 MODBUS 通信（A modbus configuration is met）。 注：等待外部输入信号
15		选择信号输入 1。 注：小圆饼到达传感器一端时，传感器信号输入到 1。 当检测模块有信号时，PLC 输入信号 I0.0，然后接通机器人输入信号 1，之后机器人输入信号 1。 机器人与 PLC 用 MODBUS TCP 通信作为信号传输

续表 6.4

序号	图片示例	操作步骤
16	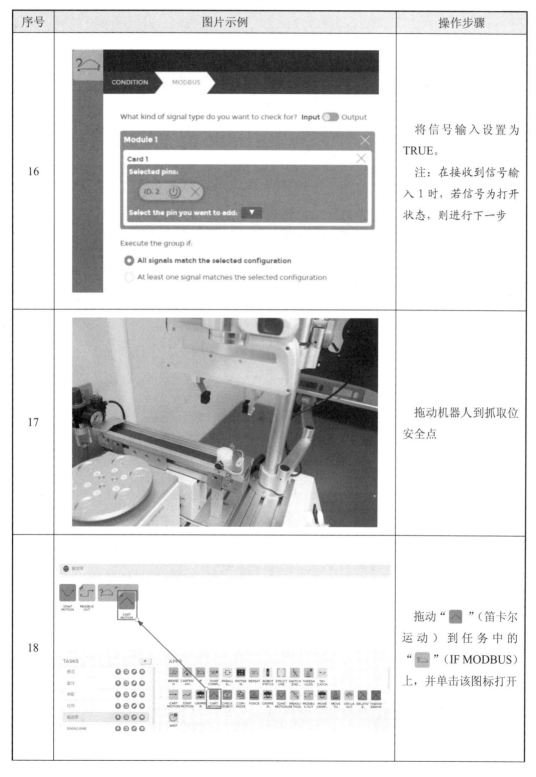	将信号输入设置为 TRUE。注：在接收到信号输入 1 时，若信号为打开状态，则进行下一步
17		拖动机器人到抓取位安全点
18		拖动"∧"（笛卡尔运动）到任务中的"2∿"（IF MODBUS）上，并单击该图标打开

续表 6.4

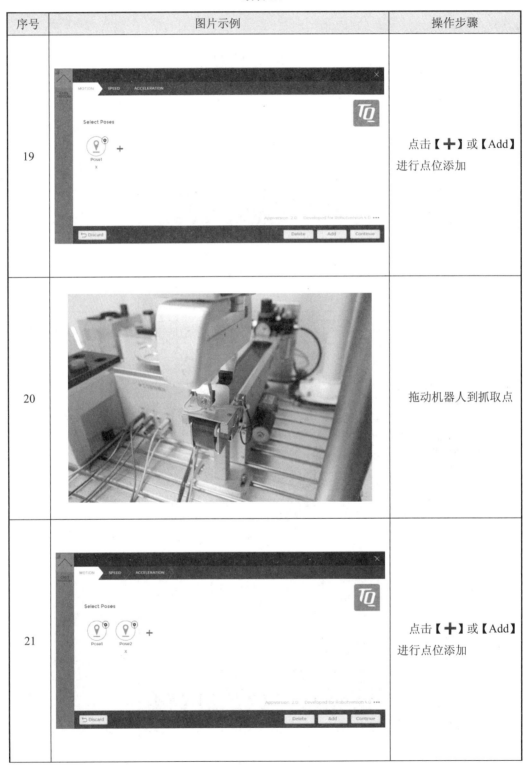

序号	图片示例	操作步骤
19		点击【＋】或【Add】进行点位添加
20		拖动机器人到抓取点
21		点击【＋】或【Add】进行点位添加

续表 6.4

序号	图片示例	操作步骤
22	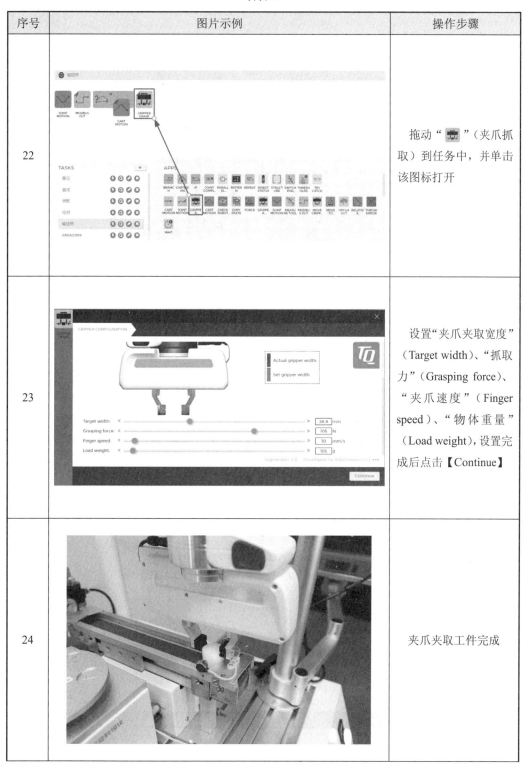	拖动 " ▦ "（夹爪抓取）到任务中，并单击该图标打开
23		设置"夹爪夹取宽度"（Target width）、"抓取力"（Grasping force）、"夹爪速度"（Finger speed）、"物体重量"（Load weight），设置完成后点击【Continue】
24		夹爪夹取工件完成

续表 6.4

序号	图片示例	操作步骤
25	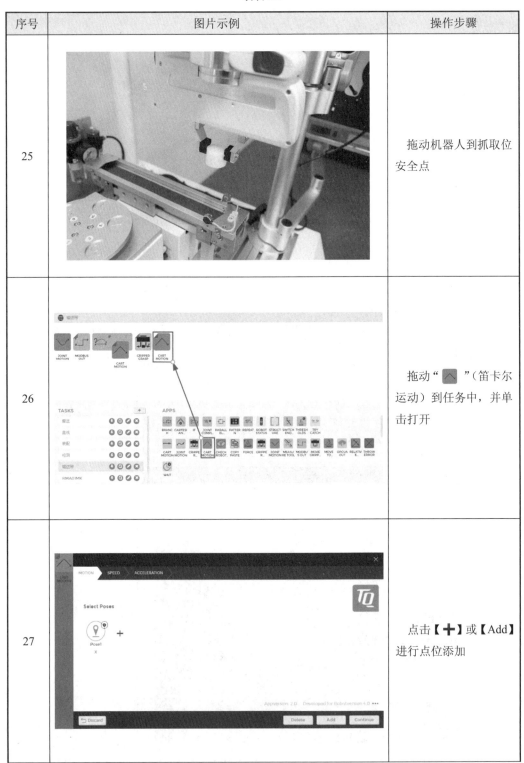	拖动机器人到抓取位安全点
26		拖动"∧"（笛卡尔运动）到任务中，并单击打开
27		点击【+】或【Add】进行点位添加

续表 6.4

序号	图片示例	操作步骤
28	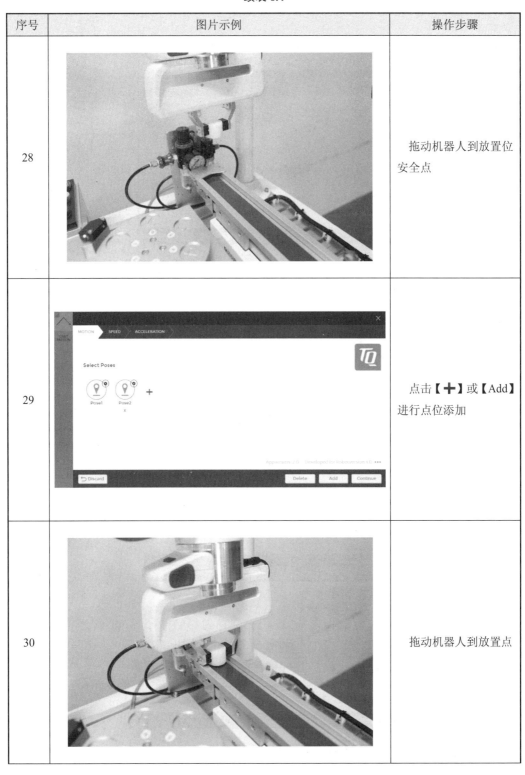	拖动机器人到放置位安全点
29		点击【＋】或【Add】进行点位添加
30		拖动机器人到放置点

续表 6.4

序号	图片示例	操作步骤
31	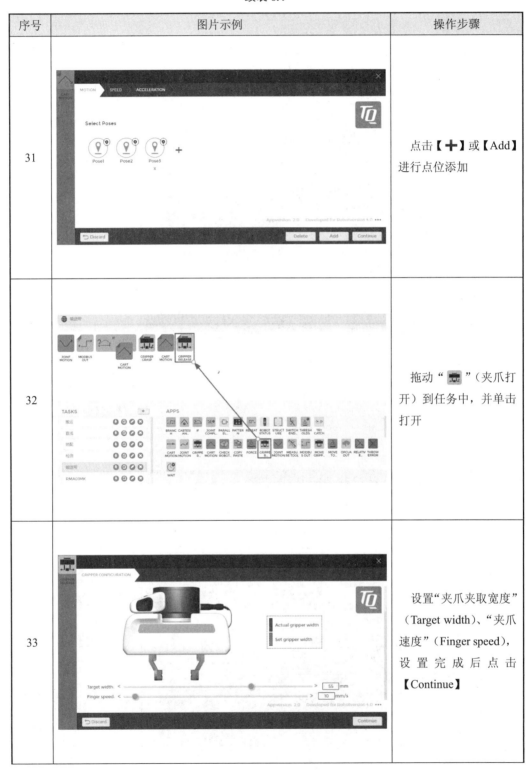	点击【➕】或【Add】进行点位添加
32		拖动""（夹爪打开）到任务中，并单击打开
33		设置"夹爪夹取宽度"（Target width）、"夹爪速度"（Finger speed），设置完成后点击【Continue】

128

续表 6.4

序号	图片示例	操作步骤
34	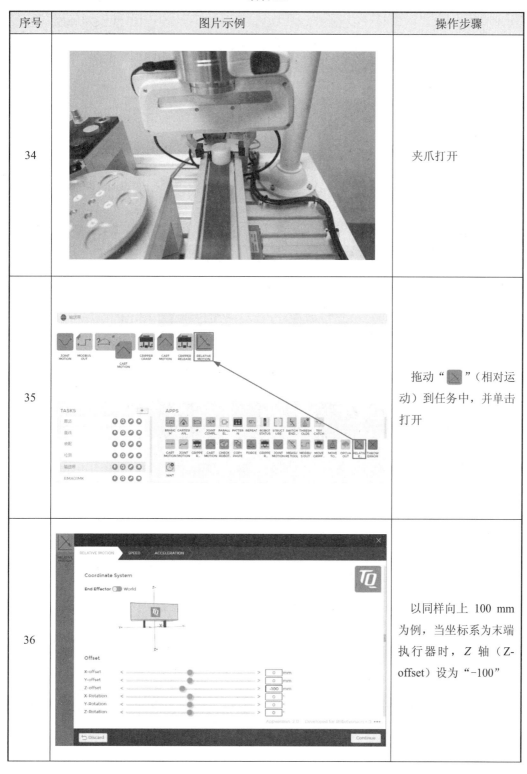	夹爪打开
35		拖动"◣"（相对运动）到任务中，并单击打开
36		以同样向上 100 mm 为例，当坐标系为末端执行器时，Z 轴（Z-offset）设为"-100"

续表 6.4

序号	图片示例	操作步骤
37	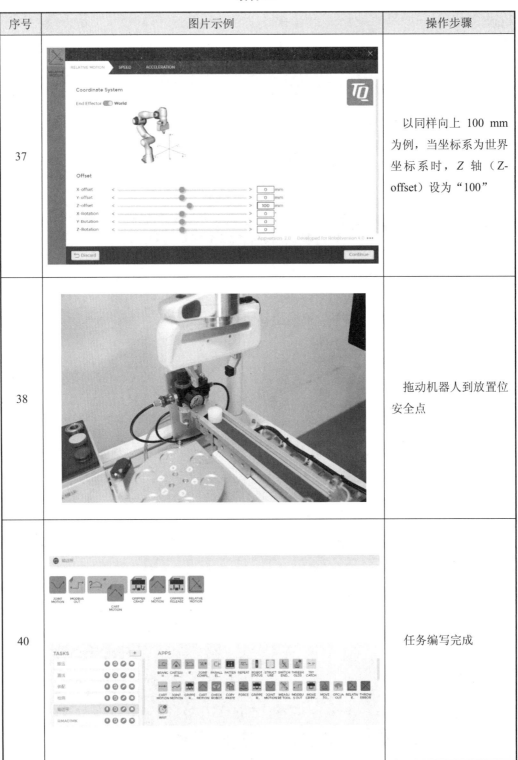	以同样向上 100 mm 为例，当坐标系为世界坐标系时，Z 轴（Z-offset）设为"100"
38		拖动机器人到放置位安全点
40		任务编写完成

6.4.4　关联程序设计

关联程序设计的操作步骤见表 6.5。

表 6.5　关联程序设计的操作步骤

序号	图片示例	操作步骤
1	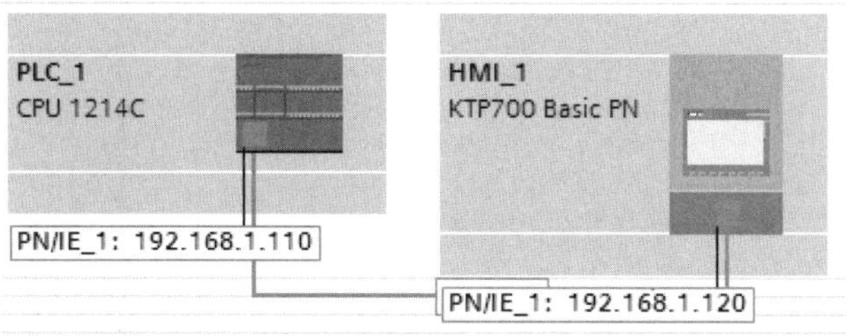 PLC_1　CPU 1214C　HMI_1　KTP700 Basic PN　PN/IE_1: 192.168.1.110　PN/IE_1: 192.168.1.120	应用西门子 PLC_1 CPU1214C DC/DC/DC
2	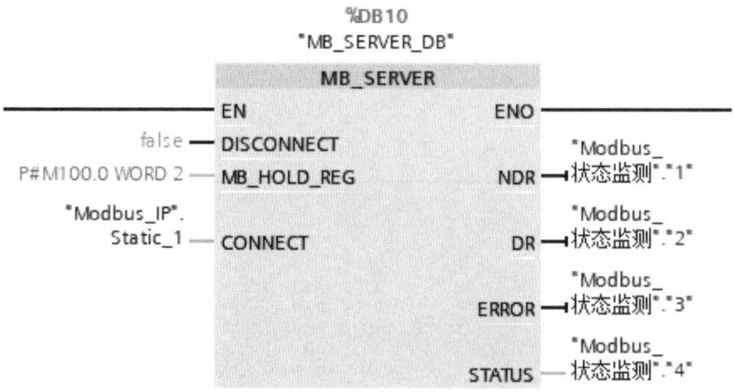 %DB10 "MB_SERVER_DB"　MB_SERVER　EN　ENO　false — DISCONNECT　P#M100.0 WORD 2 — MB_HOLD_REG　NDR — "Modbus_状态监测"."1"　"Modbus_IP".Static_1 — CONNECT　DR — "Modbus_状态监测"."2"　ERROR — "Modbus_状态监测"."3"　STATUS — "Modbus_状态监测"."4"	机器人作为客户端，PLC 作为服务器，通过 MODBUS TCP 进行通信
3	 机器人输入信号1　Bool　%M100.0 机器人输入信号2　Bool　%M100.1 机器人输入信号3　Bool　%M100.2 机器人输入信号4　Bool　%M100.3 机器人输入信号5　Bool　%M100.4 机器人输入信号6　Bool　%M100.5 机器人输入信号7　Bool　%M100.6 机器人输入信号8　Bool　%M100.7 机器人输入信号9　Bool　%M101.0 机器人输入信号10　Bool　%M101.1 机器人输入信号11　Bool　%M101.2 机器人输入信号12　Bool　%M101.3 机器人输入信号13　Bool　%M101.4 机器人输入信号14　Bool　%M101.5 机器人输入信号15　Bool　%M101.6 机器人输入信号16　Bool　%M101.7	机器人输入信号如左图所示。 注：本项目应用到机器人输入信号 1 作为传感器到位的信号

131

续表 6.5

序号	图片示例	操作步骤
4	机器人输出信号1　Bool　%M102.0 机器人输出信号2　Bool　%M102.1 机器人输出信号3　Bool　%M102.2 机器人输出信号4　Bool　%M102.3 机器人输出信号5　Bool　%M102.4 机器人输出信号6　Bool　%M102.5 机器人输出信号7　Bool　%M102.6 机器人输出信号8　Bool　%M102.7 机器人输出信号9　Bool　%M103.0 机器人输出信号10　Bool　%M103.1 机器人输出信号11　Bool　%M103.2 机器人输出信号12　Bool　%M103.3 机器人输出信号13　Bool　%M103.4 机器人输出信号14　Bool　%M103.5 机器人输出信号15　Bool　%M103.6 机器人输出信号16　Bool　%M103.7	机器人输出信号如左图所示。 注：本项目应用到机器人输出信号 1 作为输出开启输送带的信号
5	▼ Static 　▼ Static_1　TCON_IP_v4 　　InterfaceId　HW_ANY　64 　　ID　CONN_OUC　255 　　ConnectionType　Byte　11 　　ActiveEstablished　Bool　0 　　▼ RemoteAddress　IP_V4 　　　▼ ADDR　Array[1..4] of Byte 　　　　ADDR[1]　Byte　0 　　　　ADDR[2]　Byte　0 　　　　ADDR[3]　Byte　0 　　　　ADDR[4]　Byte　0 　　RemotePort　UInt　0 　　LocalPort　UInt　502	MODBUS_TCP 通信 IP 地址如左图所示

6.4.5　项目程序调试

手动运行机器人时项目程序调试的操作步骤见表6.6。

表 6.6　手动运行机器人的操作步骤

序号	图片示例	操作步骤
1	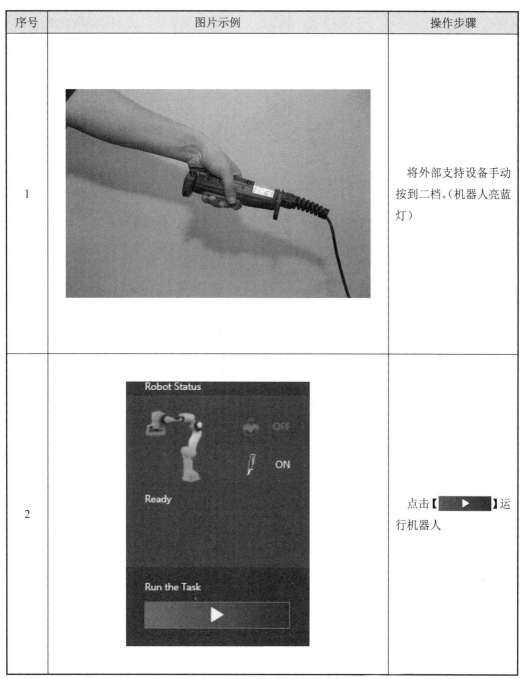	将外部支持设备手动按到二档。(机器人亮蓝灯)
2	Robot Status OFF ON Ready Run the Task	点击【　▶　】运行机器人

6.4.6　项目总体运行

自动运行机器人的操作步骤见表 6.7。

表 6.7　自动运行机器人的操作步骤

序号	图片示例	操作步骤
1	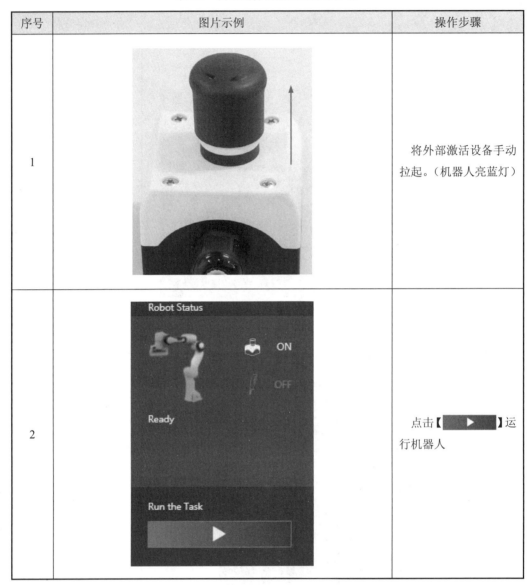	将外部激活设备手动拉起。（机器人亮蓝灯）
2		点击【▶】运行机器人

6.5　项目验证

6.5.1　效果验证

项目运行完成后，得到的效果应如图 6.3 所示，夹爪从初始点运动到过渡点后，直线运动到抓取位安全点，然后按照图 6.3 所示的路径进行运动，最后回到初始点。

※ 输送搬运项目验证及总结

6.5.2　数据验证

程序编写完成后，可查看每一点的位姿数据，通过点位信息也可验证程序的可行性。数据验证的操作步骤见表 6.5。

表 6.8　数据验证的操作步骤

序号	图片示例	操作步骤
1	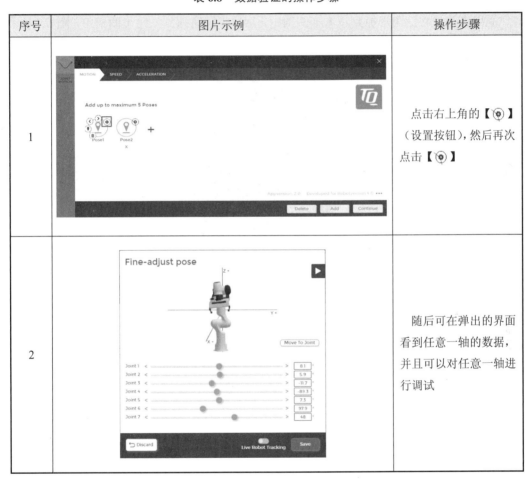	点击右上角的【⚙】（设置按钮），然后再次点击【⚙】
2		随后可在弹出的界面看到任意一轴的数据，并且可以对任意一轴进行调试

6.6　项目总结

6.6.1　项目评价

本项目主要讲解利用异步输送带模块模拟工业现场流水线作业，通过本项目的学习，可了解或掌握以下内容：

（1）了解输送带搬运项目应用的场景及项目的意义。

（2）掌握机器人的动作流程。

（3）掌握项目所使用的 APP。

（4）学会通用数字输入输出的配置。

（5）掌握根据动作流程编写、调试及运行程序的方法。

6.6.2 项目拓展

通过本项目的学习，可以对项目进行以下的拓展：

利用夹爪先将三角形抓到正方形凹槽中，然后将圆饼抓到三角形凹槽中，图 6.9 所示为其操作模块。

图 6.9 项目拓展

第7章　物料检测项目应用

7.1　项目概况

7.1.1　项目背景

　　随着工业自动化的发展，电子元器件不断小型化、精密化，物料焊点日益密集，急需高效精准的检测体系确保制品质。通过人力检测不仅费时费力而且出错率高，而通过机器自动检测既可以大幅提高生产效率，又节约时间及人力成本。图 7.1 所示为物料检测模块。

❈　物料检测项目概况及分析

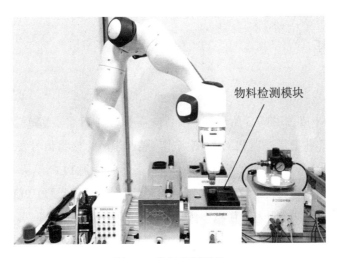

图 7.1　物料检测模块

7.1.2　项目需求

　　本项目为基于手动示教的物料检测项目，通过将检测模块上不同位置的物料搬运到指定检测位置，依次进行物料检测。如图 7.2 所示为物料抓取。

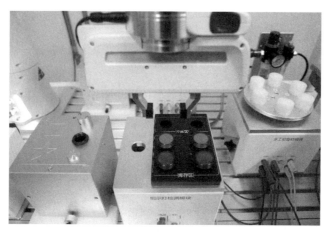

图 7.2　物料抓取

7.1.3　项目目的

在本项目的学习训练中需实现以下目的：

（1）了解物料检测项目应用的场景及项目的意义。

（2）熟悉物料检测动作的流程及路径规划。

（3）掌握机器人的编程、调试及运行。

7.2　项目分析

7.2.1　项目构架

本项目的整体构架如图 7.3 所示。本项目中需要用到 PLC，当物料检测为好时，需要将信号发送给 PLC 并记录。当 PLC 检测到相应信号输入，会将信号发送给机器人，使执行机构按要求的动作顺序进行轨迹运动。本项目需要应用到 PLC 模块（使 PLC 与机器人进行 MODBUS 通信）、物料检测模块（用于检测物料的好坏，通过 PLC 是否接收到检测信号做出判断并发送到机器人，使机器人做出下一步运动的"判断"）。

注意：①当 PLC 收到信号时物料为好，机器人已经到位并给 PLC 发送到位信号。若在规定时间内不能收到信号，则判断物料为坏。

②本章需要将 PLC 的网线与及机器人本体的网线都插到交换机，将 PLC 输入信号 1 的硬件插线接到检测模块信号口，同时给检测模块上电。

路径规划：

良品：初始点→安全点 1→库存区→安全点 1→安全点 2→检查点→安全点 2→安全点 1→库存区 1→安全点 4→初始点。

不良品：初始点→安全点 1→库存区→安全点 1→安全点 2→检查点→安全点 2→安全点 3→不良区 1→安全点 4→初始点。

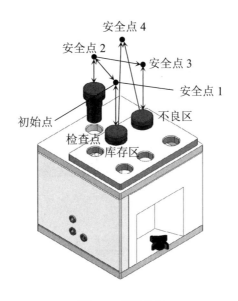

图 7.3 项目构架

7.2.2 项目流程

在基于物料检测的输送带搬运项目实施过程中,需要包含以下环节:

(1)对项目进行分析,可知此项目需在实现检测并搬运物料的操作。

(2)创建程序,编写程序,调试检查程序,确认无误后运行程序,观察程序运行结果。

整体的物料检测的项目流程如图 7.4 所示。

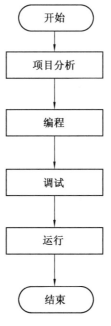

图 7.4 项目流程

7.3 项目要点

7.3.1 分支应用

❋ 物料检测项目要点及步骤

分支应用，其界面如图 7.5 所示。

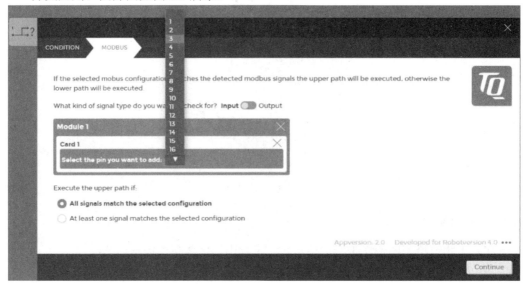

图 7.5 分支应用

7.3.2 力应用

力应用，其界面如图 7.6 所示。

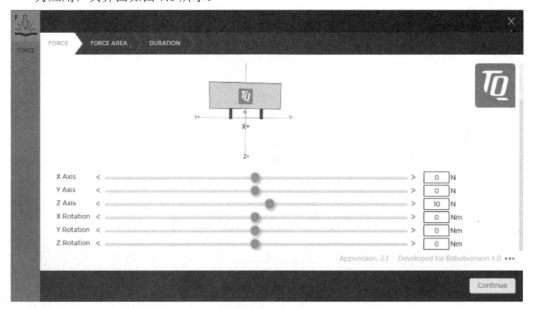

图 7.6 力应用

7.3.3　移动至接触应用

移动至接触应用，其界面如图 7.7 所示。

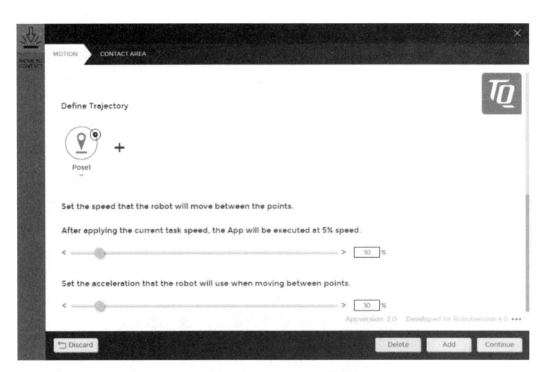

图 7.7　移动至接触应用

7.4　项目步骤

7.4.1　应用系统连接

HRG-HD1XKE 型工业机器人技能考核实训台包含一系列实训模块用于实操训练，在项目编程前需要安装检测实训模块和所需工具，应用系统连接如图 7.8 所示，指示灯模块连接如图 7.9 所示。

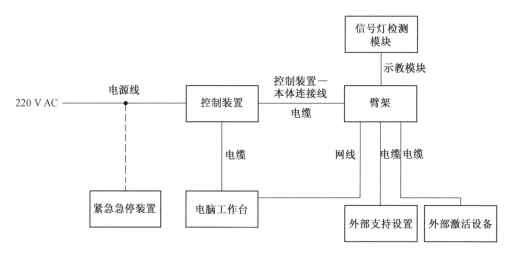

图 7.8　应用系统连接

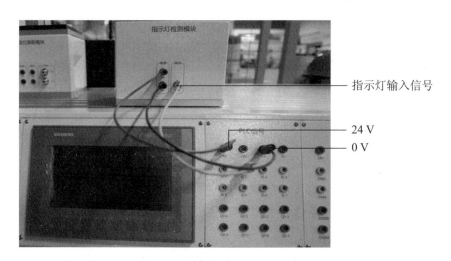

图 7.9　指示灯模块连接

7.4.2　应用系统配置

应用系统配置的操作步骤见表 7.1。

表 7.1 应用系统配置的操作步骤

序号	图片示例	操作步骤
1		（1）开启控制装置，把电源电缆品字插头插入工频交流电源插座，控制装置上电成功。 （2）将紧急停止按钮向上拉起。 （3）电源开关从 OFF 按至 ON 状态，电源指示灯亮。 （4）机器人系统上电成功
2		如果是连接手臂网线接口，网络设置保持自动获取 IP 即可。如果自动获取 IP 不能连接，则进行如下操作。 打开电脑设置，点击【网络和 Internet】，点击【更改适配器选项】
3		右键点击【以太网】，选择【属性】

续表 7.1

序号	图片示例	操作步骤
4		双击【Internet 协议版本 4（TCP/IPv4）】
5		选择"使用下面的 IP 地址（S）"，并在"IP 地址（I）"中填写"192.168.0.250"，填写默认子网掩码"255.255.255.0"，然后点击【确定】

续表 7.1

序号	图片示例	操作步骤
6	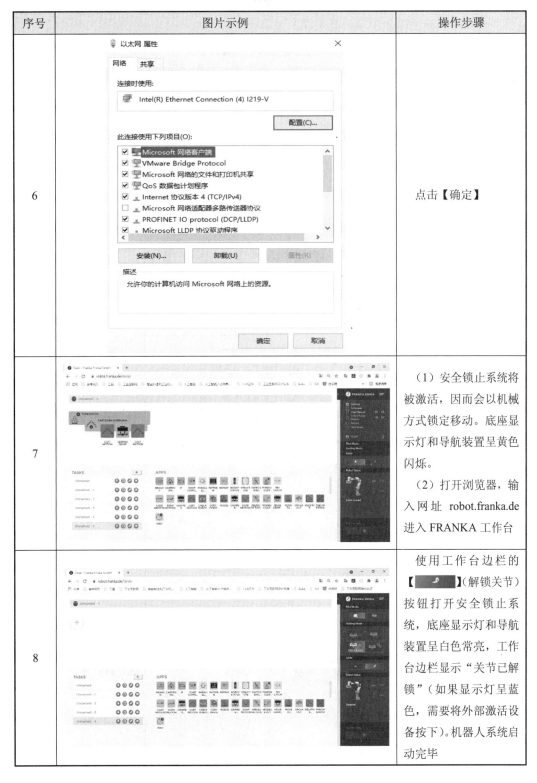	点击【确定】
7		（1）安全锁止系统将被激活，因而会以机械方式锁定移动。底座显示灯和导航装置呈黄色闪烁。 （2）打开浏览器，输入网址 robot.franka.de 进入 FRANKA 工作台
8		使用工作台边栏的【　】（解锁关节）按钮打开安全锁止系统，底座显示灯和导航装置呈白色常亮，工作台边栏显示"关节已解锁"（如果显示灯呈蓝色，需要将外部激活设备按下）。机器人系统启动完毕

7.4.3　主体程序设计

主体程序设计的操作步骤，见表 7.2。

表 7.2　主体程序设计的操作步骤

序号	图片示例	操作步骤
1		拖动机器人到初始点位置
2		点击【 ＋ 】，创建任务输送带
3		拖动"∨"（关节运动）到任务中，并单击该图标打开

续表 7.2

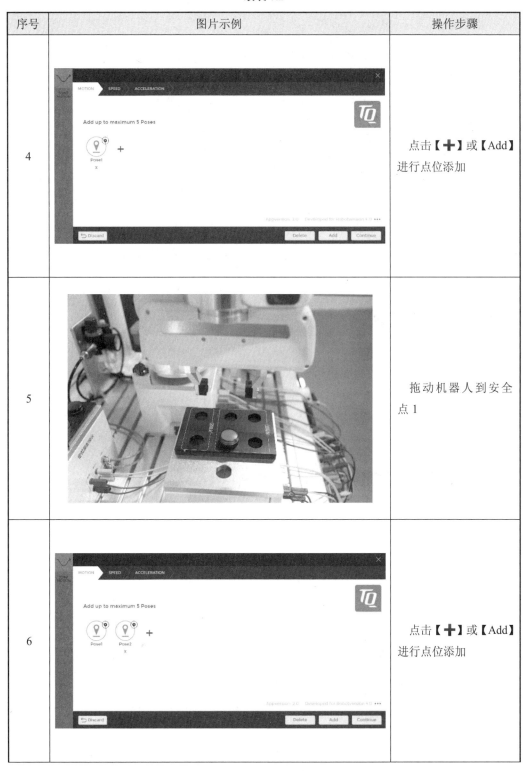

序号	图片示例	操作步骤
4		点击【┿】或【Add】进行点位添加
5		拖动机器人到安全点 1
6		点击【┿】或【Add】进行点位添加

续表 7.2

序号	图片示例	操作步骤
7	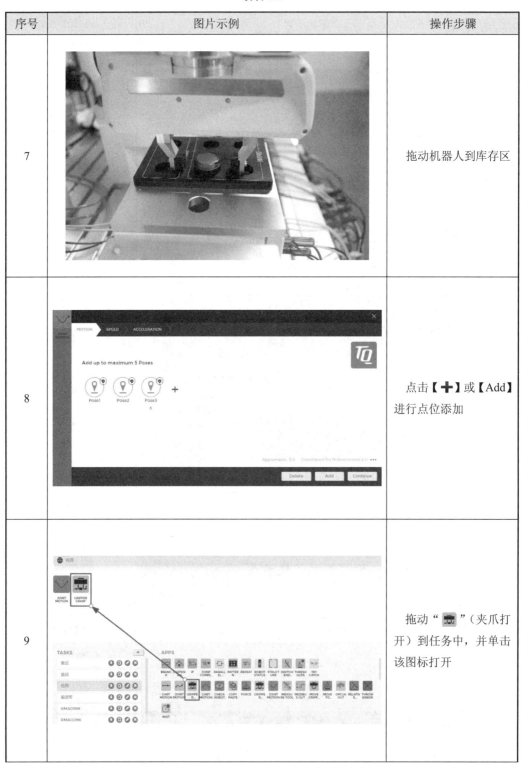	拖动机器人到库存区
8		点击【╋】或【Add】进行点位添加
9		拖动"▦"（夹爪打开）到任务中，并单击该图标打开

148

续表 7.2

序号	图片示例	操作步骤
10	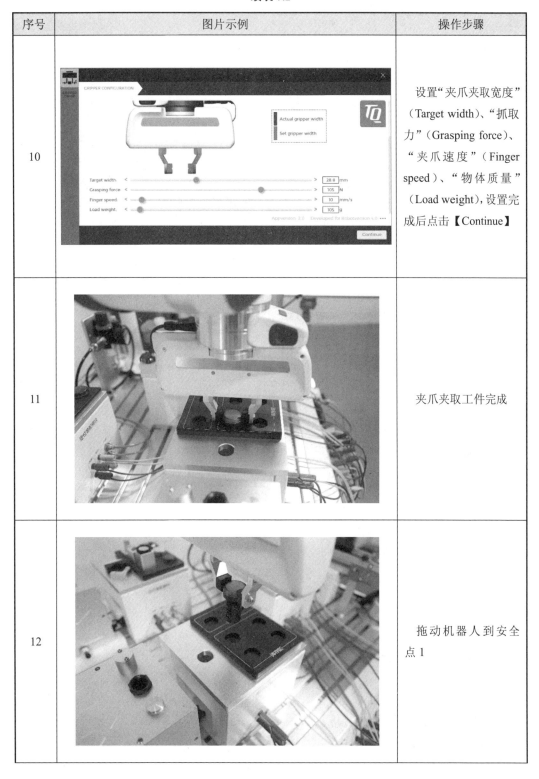	设置"夹爪夹取宽度"（Target width）、"抓取力"（Grasping force）、"夹爪速度"（Finger speed）、"物体质量"（Load weight），设置完成后点击【Continue】
11		夹爪夹取工件完成
12		拖动机器人到安全点 1

续表 7.2

序号	图片示例	操作步骤
13	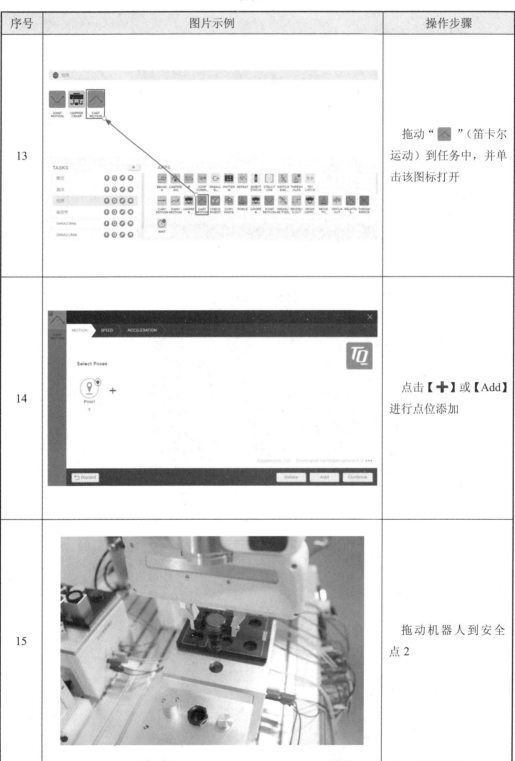	拖动"∧"（笛卡尔运动）到任务中，并单击该图标打开
14		点击【＋】或【Add】进行点位添加
15		拖动机器人到安全点 2

150

续表 7.2

序号	图片示例	操作步骤
16	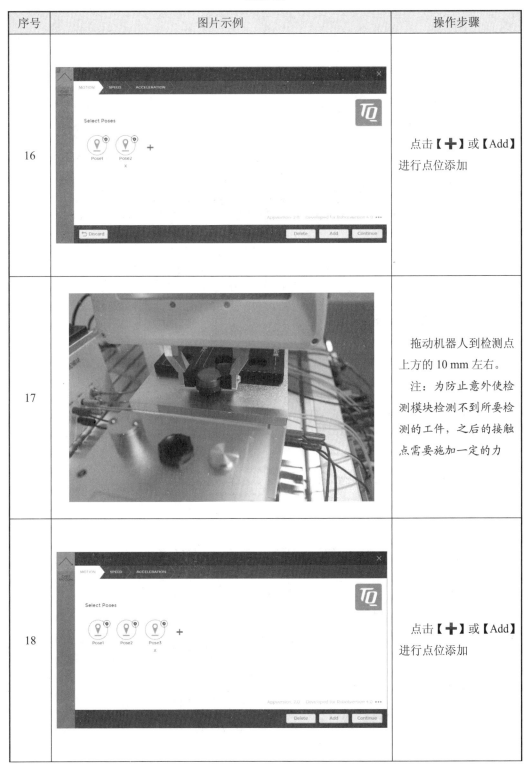	点击【＋】或【Add】进行点位添加
17		拖动机器人到检测点上方的 10 mm 左右。注：为防止意外使检测模块检测不到所要检测的工件，之后的接触点需要施加一定的力
18		点击【＋】或【Add】进行点位添加

续表 7.2

序号	图片示例	操作步骤
19	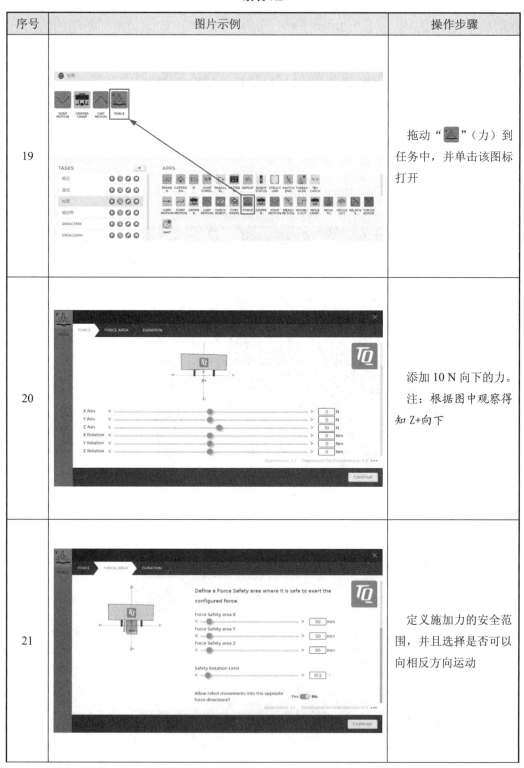	拖动""（力）到任务中，并单击该图标打开
20		添加 10 N 向下的力。注：根据图中观察得知 Z+向下
21		定义施加力的安全范围，并且选择是否可以向相反方向运动

续表 7.2

序号	图片示例	操作步骤
22	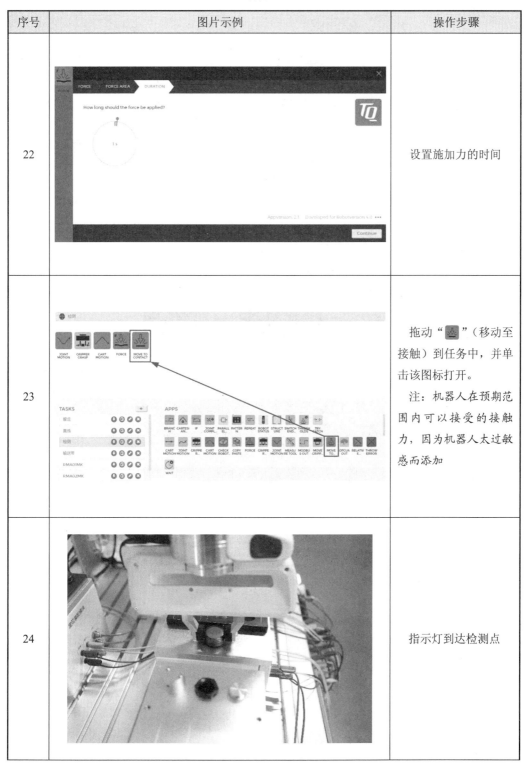	设置施加力的时间
23		拖动"🔽"（移动至接触）到任务中，并单击该图标打开。 注：机器人在预期范围内可以接受的接触力，因为机器人太过敏感而添加
24		指示灯到达检测点

续表 7.2

序号	图片示例	操作步骤
25	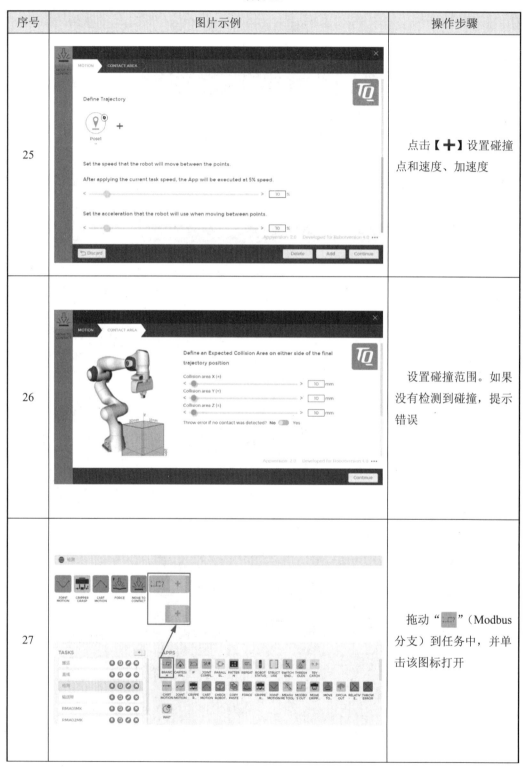	点击【＋】设置碰撞点和速度、加速度
26		设置碰撞范围。如果没有检测到碰撞，提示错误
27		拖动"□?"（Modbus分支）到任务中，并单击该图标打开

续表 7.2

序号	图片示例	操作步骤
28	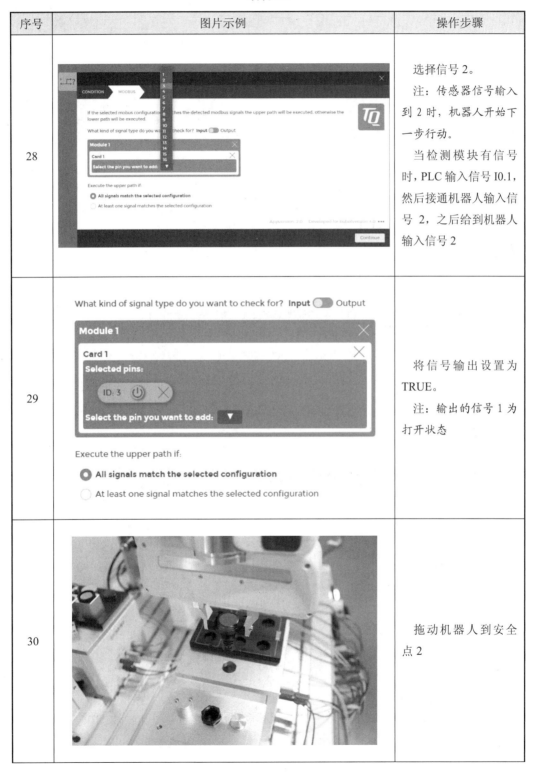	选择信号 2。 注：传感器信号输入到 2 时，机器人开始下一步行动。 当检测模块有信号时，PLC 输入信号 I0.1，然后接通机器人输入信号 2，之后给到机器人输入信号 2
29		将信号输出设置为 TRUE。 注：输出的信号 1 为打开状态
30		拖动机器人到安全点 2

续表 7.2

序号	图片示例	操作步骤
31	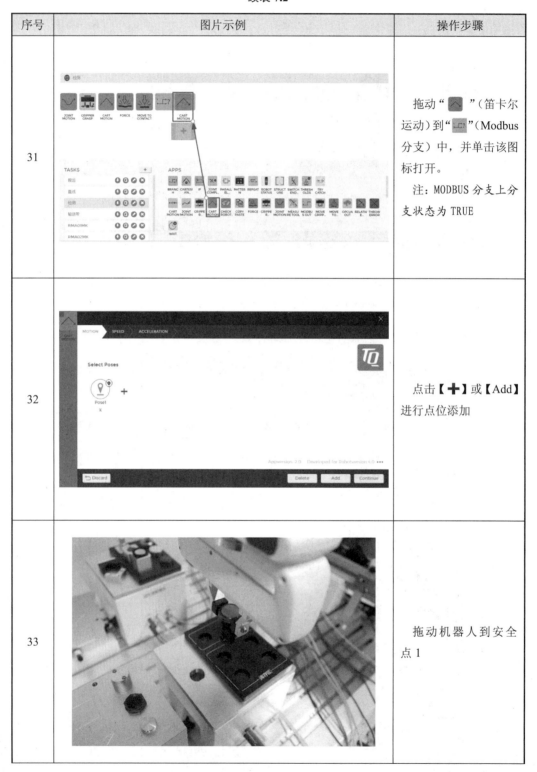	拖动"∧"（笛卡尔运动）到"⌐⌐"（Modbus 分支）中，并单击该图标打开。 注：MODBUS 分支上分支状态为 TRUE
32		点击【✚】或【Add】进行点位添加
33		拖动机器人到安全点 1

续表 7.2

序号	图片示例	操作步骤
34	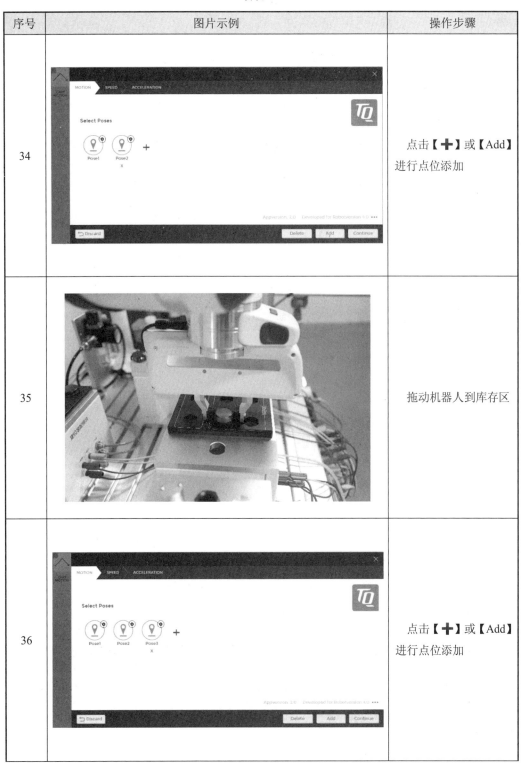	点击【＋】或【Add】进行点位添加
35		拖动机器人到库存区
36		点击【＋】或【Add】进行点位添加

续表 7.2

序号	图片示例	操作步骤
37	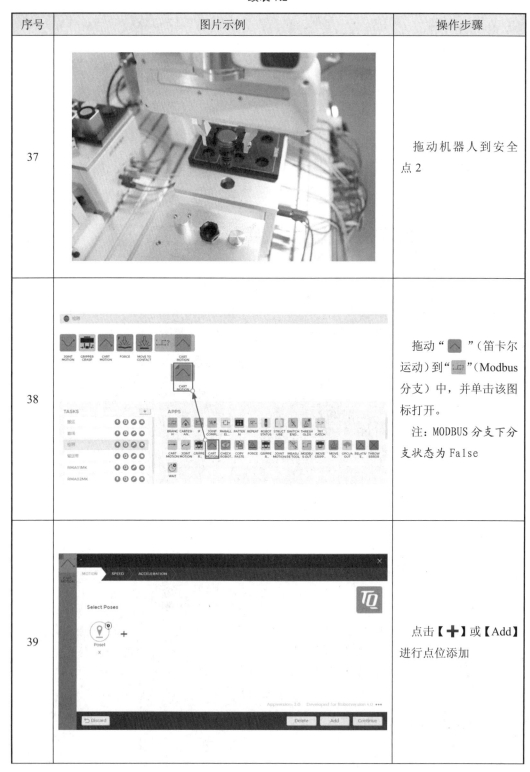	拖动机器人到安全点 2
38		拖动" ∧ "（笛卡尔运动）到" ⌐? "（Modbus分支）中，并单击该图标打开。 注：MODBUS 分支下分支状态为 False
39		点击【＋】或【Add】进行点位添加

续表 7.2

序号	图片示例	操作步骤
40	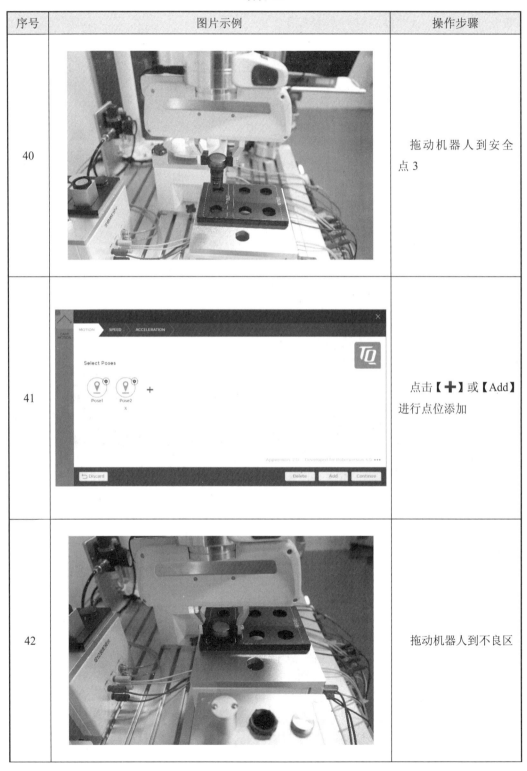	拖动机器人到安全点 3
41		点击【╋】或【Add】进行点位添加
42		拖动机器人到不良区

续表 7.2

序号	图片示例	操作步骤
43	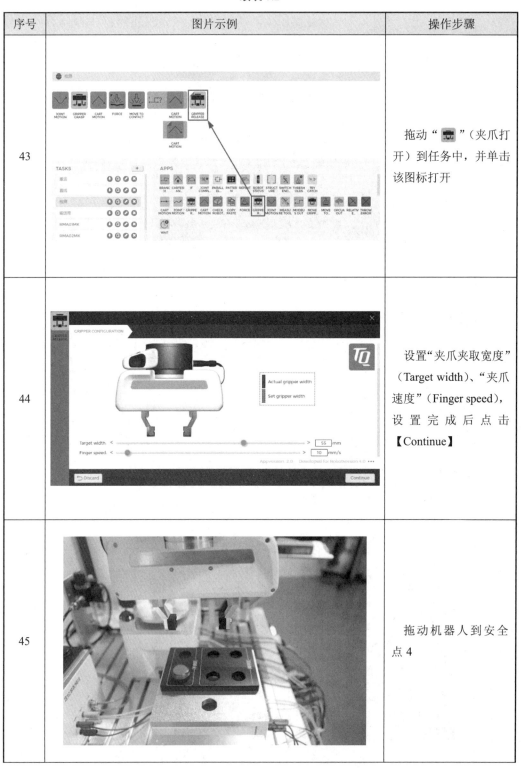	拖动" "（夹爪打开）到任务中，并单击该图标打开
44		设置"夹爪夹取宽度"（Target width）、"夹爪速度"（Finger speed），设置完成后点击【Continue】
45		拖动机器人到安全点 4

160

续表 7.2

序号	图片示例	操作步骤
46	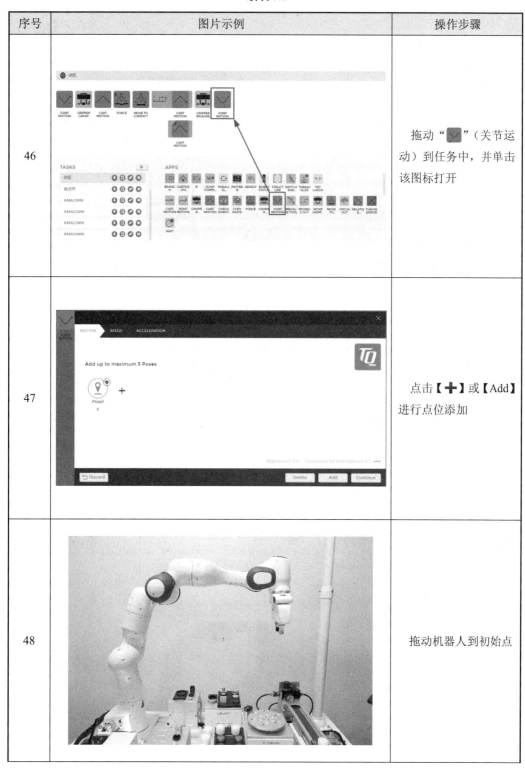	拖动 " ∨ " (关节运动) 到任务中,并单击该图标打开
47		点击【 ➕ 】或【Add】进行点位添加
48		拖动机器人到初始点

续表 7.2

序号	图片示例	操作步骤
49	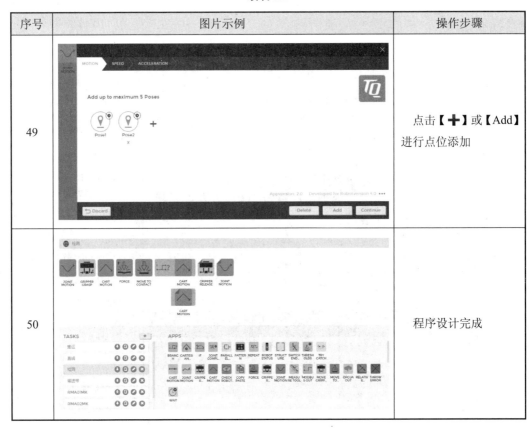	点击【＋】或【Add】进行点位添加
50	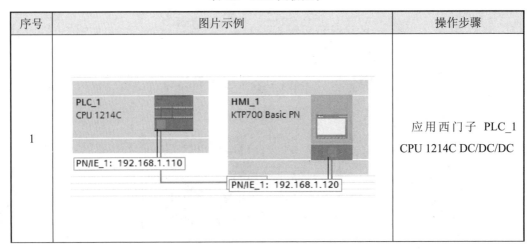	程序设计完成

7.4.4 关联程序设计

PLC 关联程序，见表 7.3。

表 7.3 PLC 关联程序

序号	图片示例	操作步骤
1	PLC_1 CPU 1214C HMI_1 KTP700 Basic PN PN/IE_1: 192.168.1.110 PN/IE_1: 192.168.1.120	应用西门子 PLC_1 CPU 1214C DC/DC/DC

续表 7.3

序号	图片示例	操作步骤
2	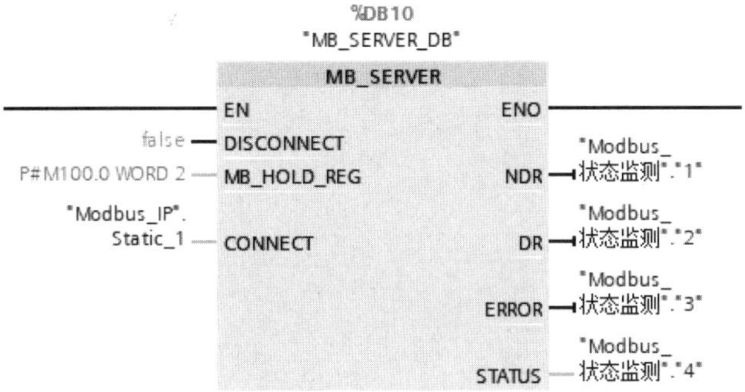 %DB10 "MB_SERVER_DB" MB_SERVER EN　　　　　　ENO false — DISCONNECT P#M100.0 WORD 2 — MB_HOLD_REG　　NDR —→ "Modbus_状态监测"."1" "Modbus_IP". Static_1 — CONNECT　　DR —→ "Modbus_状态监测"."2" ERROR —→ "Modbus_状态监测"."3" STATUS — "Modbus_状态监测"."4"	机器人作为客户端，PLC 作为服务器，通过 MODBUS TCP 进行通信
3	机器人输入信号1　　Bool　　%M100.0 机器人输入信号2　　Bool　　%M100.1 机器人输入信号3　　Bool　　%M100.2 机器人输入信号4　　Bool　　%M100.3 机器人输入信号5　　Bool　　%M100.4 机器人输入信号6　　Bool　　%M100.5 机器人输入信号7　　Bool　　%M100.6 机器人输入信号8　　Bool　　%M100.7 机器人输入信号9　　Bool　　%M101.0 机器人输入信号10　　Bool　　%M101.1 机器人输入信号11　　Bool　　%M101.2 机器人输入信号12　　Bool　　%M101.3 机器人输入信号13　　Bool　　%M101.4 机器人输入信号14　　Bool　　%M101.5 机器人输入信号15　　Bool　　%M101.6 机器人输入信号16　　Bool　　%M101.7	机器人输入信号如左图所示。 注：本项目应用到机器人输入信号 2 作为工件为好的信号
4	机器人输出信号1　　Bool　　%M102.0 机器人输出信号2　　Bool　　%M102.1 机器人输出信号3　　Bool　　%M102.2 机器人输出信号4　　Bool　　%M102.3 机器人输出信号5　　Bool　　%M102.4 机器人输出信号6　　Bool　　%M102.5 机器人输出信号7　　Bool　　%M102.6 机器人输出信号8　　Bool　　%M102.7 机器人输出信号9　　Bool　　%M103.0 机器人输出信号10　　Bool　　%M103.1 机器人输出信号11　　Bool　　%M103.2 机器人输出信号12　　Bool　　%M103.3 机器人输出信号13　　Bool　　%M103.4 机器人输出信号14　　Bool　　%M103.5 机器人输出信号15　　Bool　　%M103.6 机器人输出信号16　　Bool　　%M103.7	机器人输出信号如左图所示

163

续表 7.3

序号	图片示例	操作步骤
5	Static Static_1　TCON_IP_v4 InterfaceId　HW_ANY　64 ID　CONN_OUC　255 ConnectionType　Byte　11 ActiveEstablished　Bool　0 RemoteAddress　IP_V4 ADDR　Array[1..4] of Byte ADDR[1]　Byte　0 ADDR[2]　Byte　0 ADDR[3]　Byte　0 ADDR[4]　Byte　0 RemotePort　UInt　0 LocalPort　UInt　502	MODBUS_TCP 通信 IP 地址如左图所示

7.4.5　项目程序调试

手动运行机器人的操作步骤，见表 7.4。

表 7.4　手动运行机器人的操作步骤

序号	图片示例	操作步骤
1	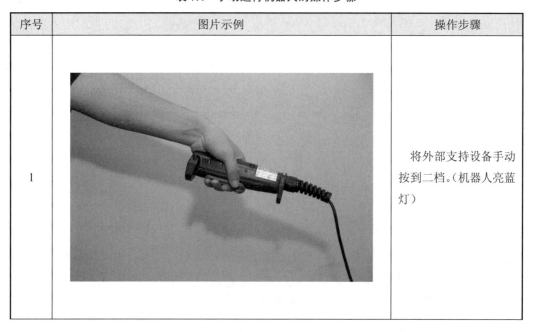	将外部支持设备手动按到二档。（机器人亮蓝灯）

续表 7.4

序号	图片示例	操作步骤
2	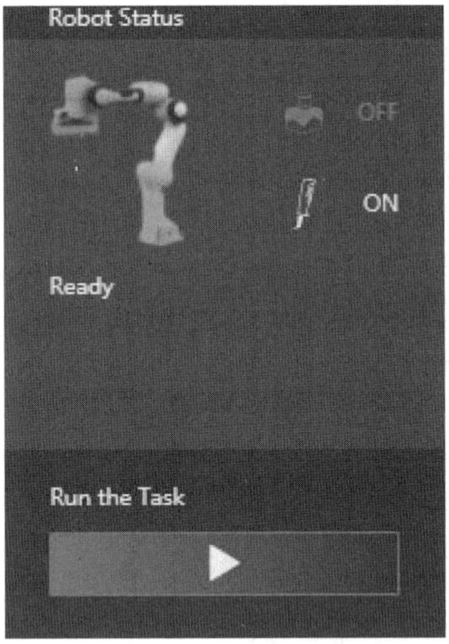	点击【 　▶　】运行机器人

7.4.6　项目总体运行

自动运行机器人的操作步骤见表 7.5。

表 7.5　自动运行机器人的操作步骤

序号	图片示例	操作步骤
1		将外部激活设备手动拉起。（机器人亮蓝灯）

续表 7.5

序号	图片示例	操作步骤
2	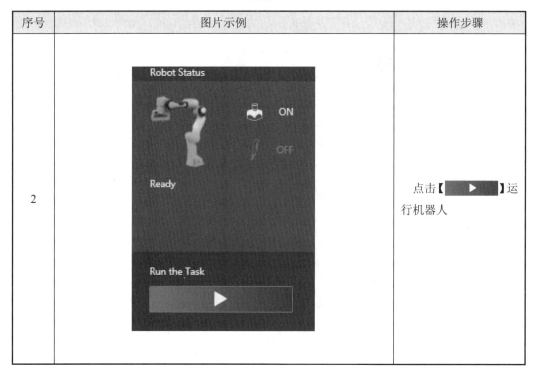	点击【 】运行机器人

7.5 项目验证

7.5.1 效果验证

项目运行完成后，得到的效果应如图 7.3 所示，夹爪从初始点运动到过渡点后，直线运动到库存区，然后按照图 7.3 所示的路径进行运动，最后回到初始点。

7.5.2 数据验证

数据验证的操作步骤见表 7.6。

※ 物料检测项目验证及总结

表 7.6　数据验证的操作步骤

序号	图片示例	操作步骤
1		点击右上角的【⚙】（设置按钮），然后再次点击【⚙】
2		随后可在弹出的界面看到任意一轴的数据，并且可以对任意一轴进行调试

7.6　项目总结

7.6.1　项目评价

　　本项目主要讲解利用物料检测模块模拟工业现场流水线作业，通过本项目的学习，可了解或掌握以下内容：

　　（1）了解装配项目应用的场景及项目的意义。

　　（2）掌握机器人的动作流程。

　　（3）掌握项目所使用的 APP。

　　（4）掌握根据动作流程编写、调试及运行程序的方法。

7.6.2 项目拓展

通过本项目的学习，可以对项目进行以下的拓展：

将多个指示灯抓取到检测点进行检测，如图 7.10 所示。

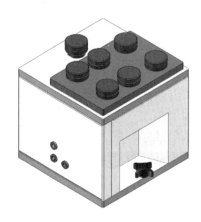

图 7.10 项目拓展

第 8 章 工件装配项目应用

8.1 项目概况

8.1.1 项目背景

随着工业自动化的发展，电子元器件不断小型化、精密化，物料焊点日益密集，急需高效精准的检测体系确保制造品质。通过人力装配费时费力，而通过机器自动装配既可大幅提高生产效率，又节约时间及人力成本。图 8.1 所示为物料装配模块。

※ 工件装配项目概况及分析

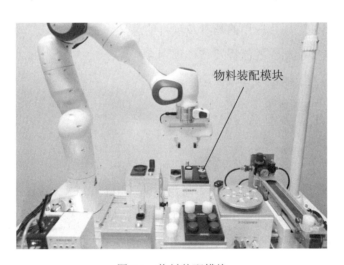

图 8.1 物料装配模块

8.1.2 项目需求

本项目为基于手动示教的物料装配项目，将不同位置的物料搬运到指定的定位装配位置依次进行装配。如图 8.2 所示为气缸定位。

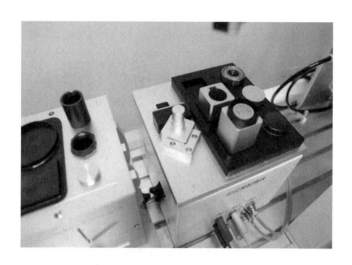

图 8.2　气缸定位

8.1.3　项目目的

在本项目的学习训练中需实现以下目的：

（1）了解物料装配项目应用的场景及项目的意义。

（2）熟悉物料装配动作的流程及路径规划。

（3）掌握机器人的编程、调试及运行。

8.2　项目分析

8.2.1　项目构架

本项目的整体构架如图 8.3 所示。本项目中需要用到 PLC，将物料依次搬运到指定的装配位置进行装配，然后通过输出信号对物料进行定位。

路径规划：初始点→安全点 1→抓取位 1→安全点 1→安全点 3→放置位 1→安全点 3→安全点 2→抓取位 2→安全点 2→安全点 3→放置位 2→安全点 3→初始点。

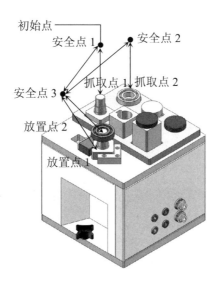

图 8.3   项目构架

8.2.2   项目流程

在基于物料检测的输送带搬运项目实施过程中，需要包含以下环节：

（1）对项目进行分析，可知此项目需实现装配并搬运物料的操作。

（2）创建程序，编写程序，调试检查程序，确认无误后运行程序，观察程序运行结果。

整体的物料装配项目流程如图 8.4 所示。

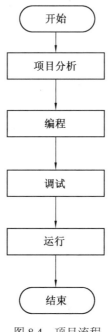

图 8.4   项目流程

8.3 项目要点

8.3.1 顺从应用

笛卡尔顺从性应用定义了组内所有应用程序的笛卡尔阻抗。此组应用程序将覆盖任务设置中的笛卡尔顺从性数值。笛卡尔顺从性目前仅在"Force（力）"应用程序中施加力时起作用，其界面如图 8.5 所示。

※ 工件装配项目要点及步骤

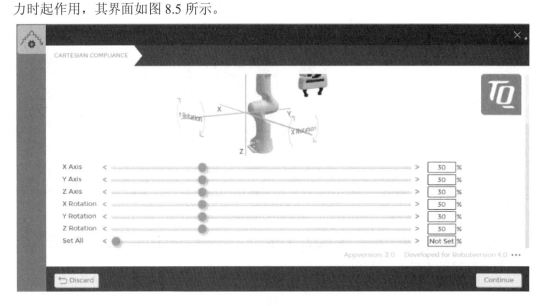

图 8.5 笛卡尔顺从性

关节顺从性应用，其界面如图 8.6 所示。

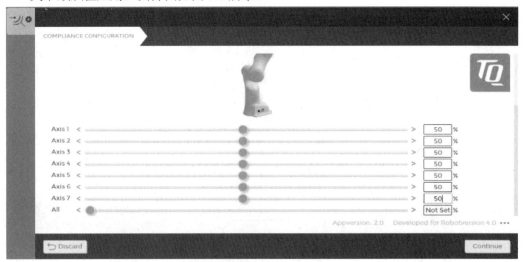

图 8.6 关节顺从性

8.3.2　安全区域设置

安全区域设置通过检查机器人位置应用实现，如图 8.7 所示。

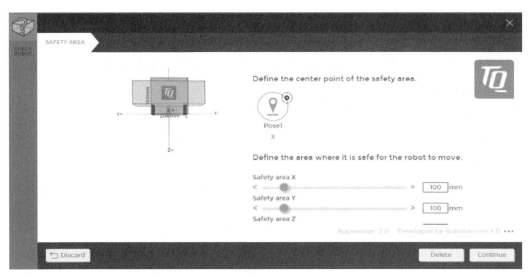

图 8.7　检查机器人位置应用

8.3.3　错误提示应用

错误提示应用如图 8.8 所示。

图 8.8　错误提示应用

8.4 项目步骤

8.4.1 应用系统连接

HRG-HD1XKE 型工业机器人技能考核实训台包含一系列实训模块用于实操训练，在项目编程前需要安装物料装配实训模块和所需工具，应用采用连接如图 8.9 所示，定位装配模块连接如图 8.10 所示。

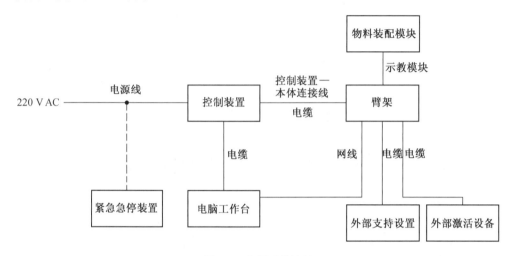

图 8.9 应用系统连接

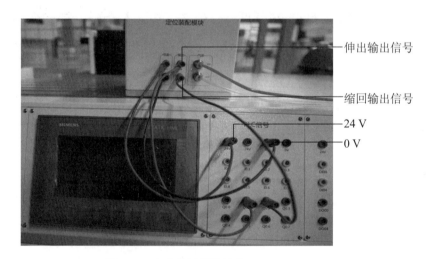

图 8.10 定位装配模块连接

8.4.2 应用系统配置

应用系统配置的操作步骤见表 8.1。

表 8.1　应用系统配置的操作步骤

序号	图片示例	操作步骤
1		（1）开启控制装置，把电源电缆品字插头插入工频交流电源插座，控制装置上电成功。 （2）将紧急停止按钮向上拉起。 （3）电源开关从 OFF 按至 ON 状态，电源指示灯亮。 （4）机器人系统上电成功
2		如果是连接手臂网线接口，网络设置保持自动获取 IP 即可。如果自动获取 IP 不能连接，则进行如下操作。 打开电脑设置，点击【网络和 Internet】，点击【更改适配器选项】
3		右键点击【以太网】，选择【属性】

续表 **8.1**

序号	图片示例	操作步骤
4		双击【Internet 协议版本 4（TCP/IPv4）】
5		选择"使用下面的 IP 地址（S）"，并在"IP 地址（I）"中填写"192.168.0.250"，填写默认子网掩码"255.255.255.0"，然后点击【确定】

续表 8.1

序号	图片示例	操作步骤
6	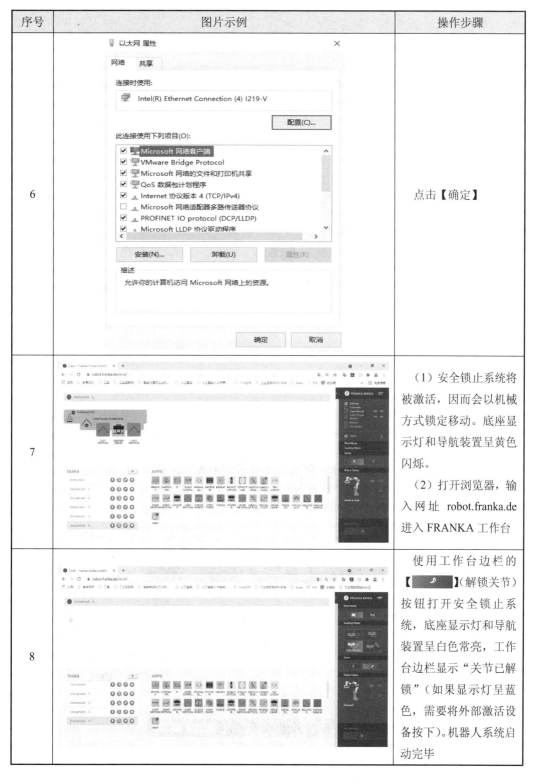	点击【确定】
7		（1）安全锁止系统将被激活，因而会以机械方式锁定移动。底座显示灯和导航装置呈黄色闪烁。 （2）打开浏览器，输入网址 robot.franka.de 进入 FRANKA 工作台
8		使用工作台边栏的【　　】（解锁关节）按钮打开安全锁止系统，底座显示灯和导航装置呈白色常亮，工作台边栏显示"关节已解锁"（如果显示灯呈蓝色，需要将外部激活设备按下）。机器人系统启动完毕

8.4.3 主体程序设计

主体程序设计的操作步骤见表 8.2。

表 8.2 主体程序设计的操作步骤

序号	图片示例	操作步骤
1	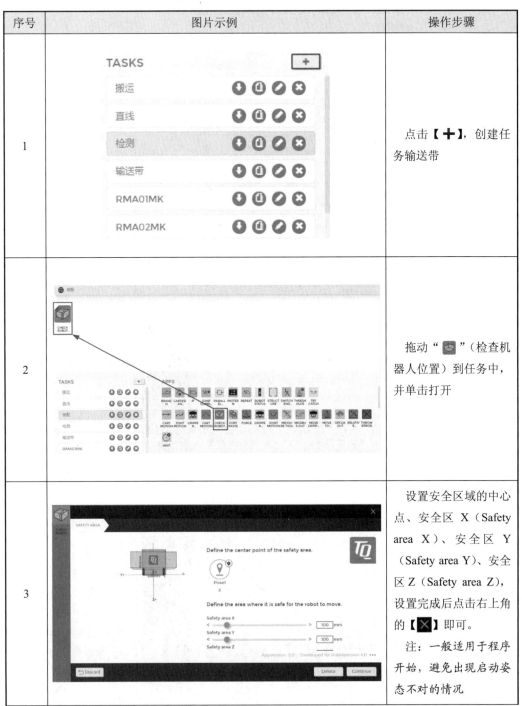	点击【 **+** 】，创建任务输送带
2		拖动" ⬢ "（检查机器人位置）到任务中，并单击打开
3		设置安全区域的中心点、安全区 X（Safety area X）、安全区 Y（Safety area Y）、安全区 Z（Safety area Z），设置完成后点击右上角的【 ✕ 】即可。 注：一般适用于程序开始，避免出现启动姿态不对的情况

续表 8.2

序号	图片示例	操作步骤
4		拖动机器人到初始点位置
5		拖动 "∨"（关节运动）到任务中，并单击该图标打开
6		点击【＋】或【Add】进行点位添加

续表 8.2

序号	图片示例	操作步骤
7		拖动机器人到安全点 1
8		点击【➕】或【Add】进行点位添加
9		拖动机器人到抓取点 1

续表 8.2

序号	图片示例	操作步骤
10	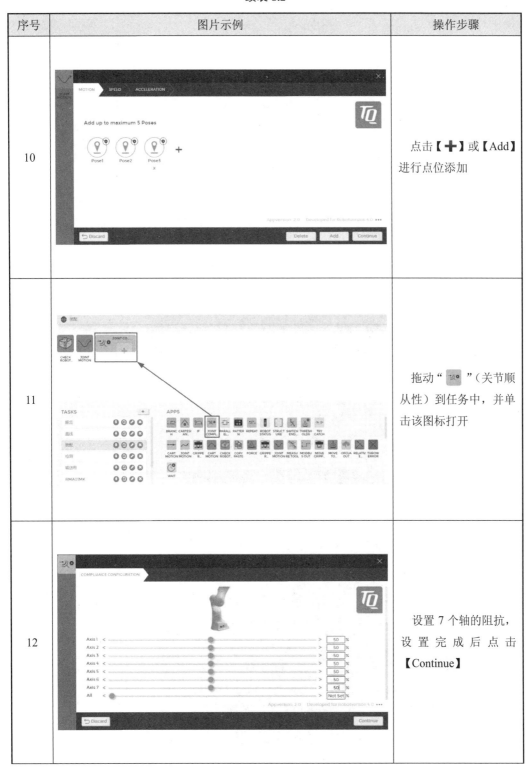	点击【＋】或【Add】进行点位添加
11		拖动"_↘"（关节顺从性）到任务中，并单击该图标打开
12		设置 7 个轴的阻抗，设置完成后点击【Continue】

续表 8.2

序号	图片示例	操作步骤
13	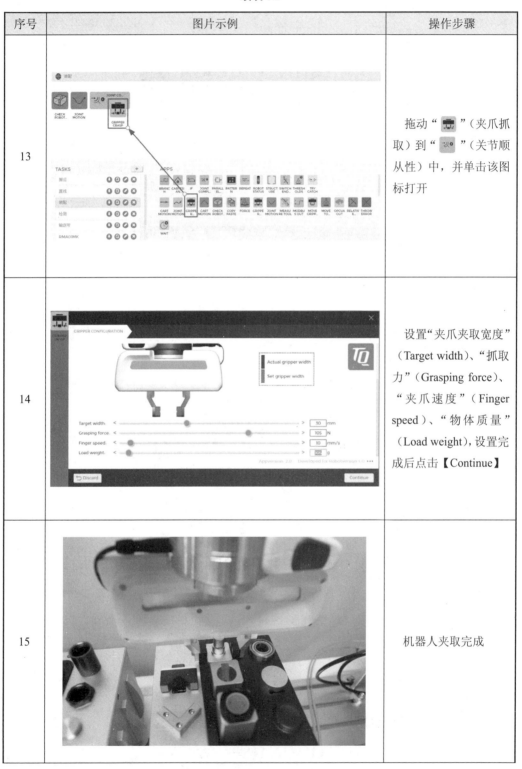	拖动""（夹爪抓取）到"❷"（关节顺从性）中，并单击该图标打开
14		设置"夹爪夹取宽度"（Target width）、"抓取力"（Grasping force）、"夹爪速度"（Finger speed）、"物体质量"（Load weight），设置完成后点击【Continue】
15		机器人夹取完成

续表 8.2

序号	图片示例	操作步骤
16	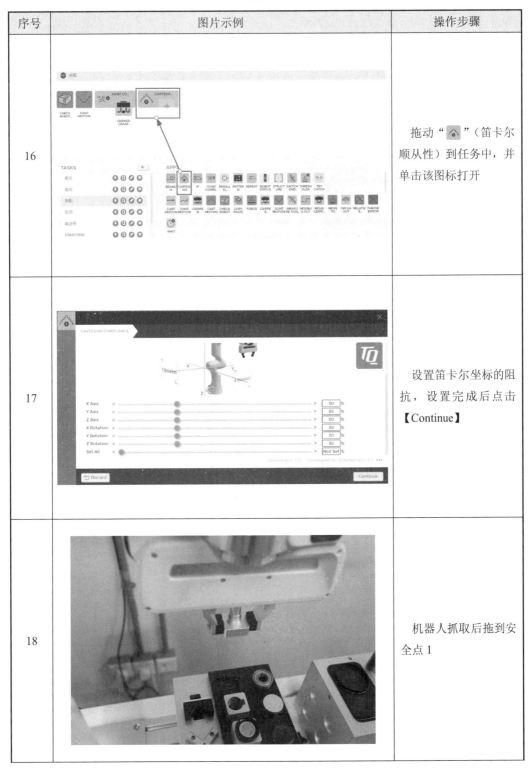	拖动 " 🔷 "（笛卡尔顺从性）到任务中，并单击该图标打开
17		设置笛卡尔坐标的阻抗，设置完成后点击【Continue】
18		机器人抓取后拖到安全点 1

续表 **8.2**

序号	图片示例	操作步骤
19	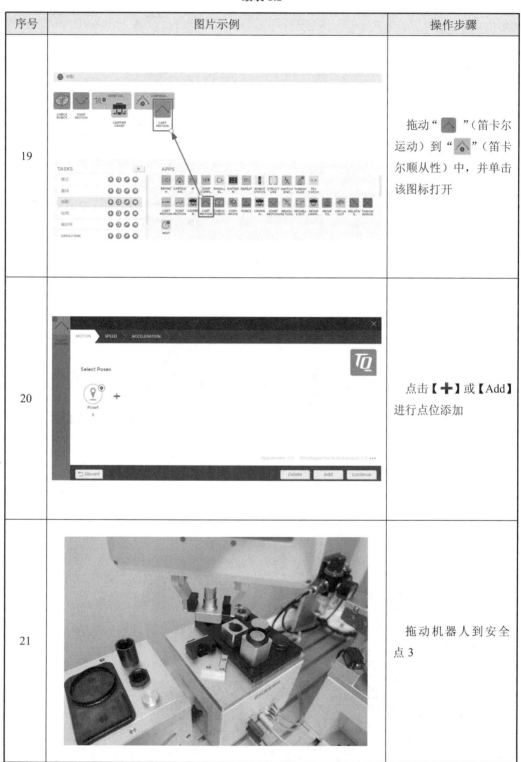	拖动"〈〉"（笛卡尔运动）到"〈〉"（笛卡尔顺从性）中，并单击该图标打开
20		点击【+】或【Add】进行点位添加
21		拖动机器人到安全点 3

184

续表 8.2

序号	图片示例	操作步骤
22	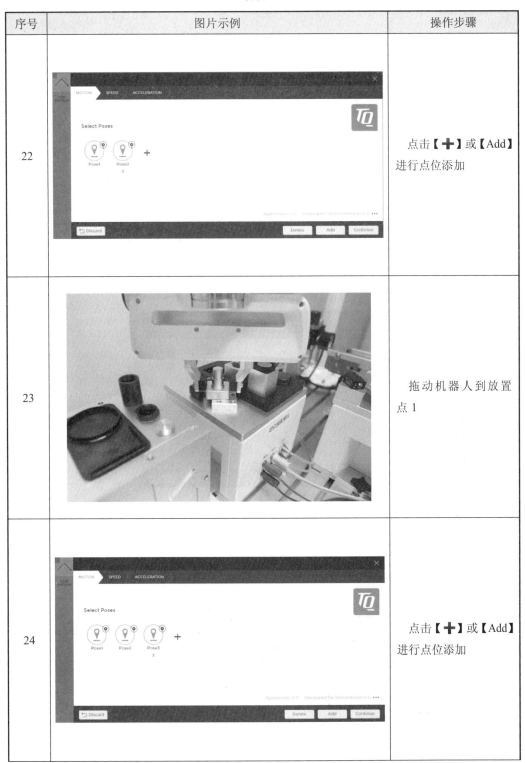	点击【＋】或【Add】进行点位添加
23		拖动机器人到放置点 1
24		点击【＋】或【Add】进行点位添加

续表 8.2

序号	图片示例	操作步骤
25	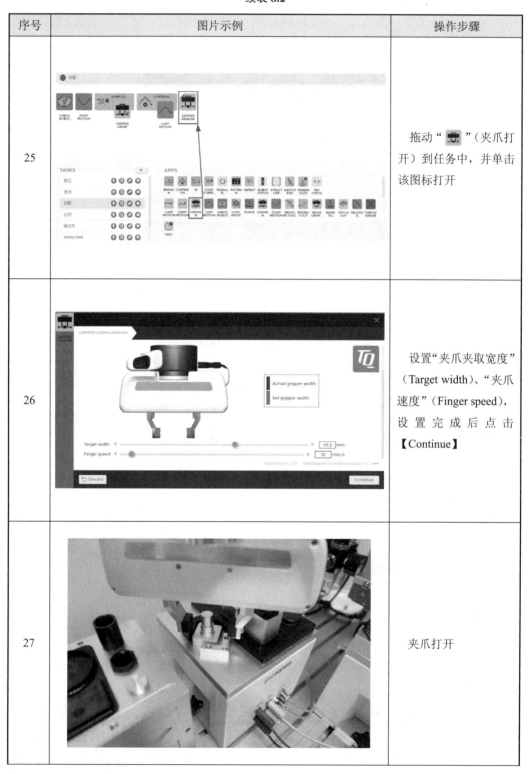	拖动"██"（夹爪打开）到任务中，并单击该图标打开
26		设置"夹爪夹取宽度"（Target width）、"夹爪速度"（Finger speed），设置完成后点击【Continue】
27		夹爪打开

186

续表 8.2

序号	图片示例	操作步骤
28	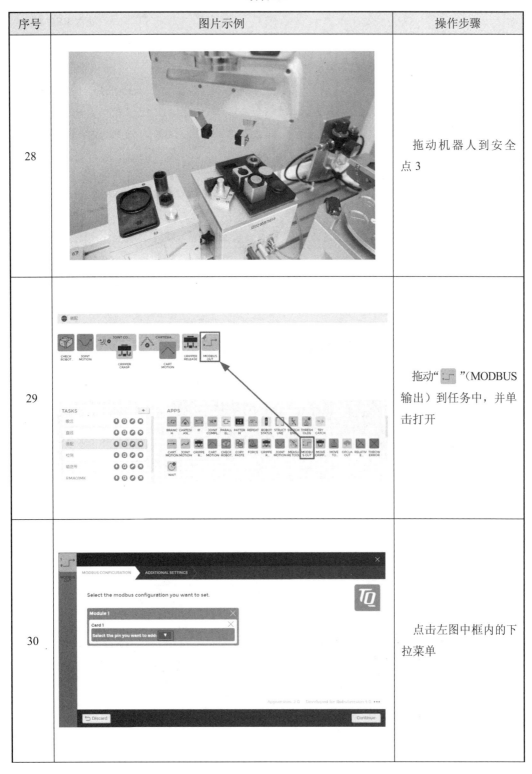	拖动机器人到安全点 3
29		拖动"⌐⌐"（MODBUS 输出）到任务中，并单击打开
30		点击左图中框内的下拉菜单

续表 8.2

序号	图片示例	操作步骤
31	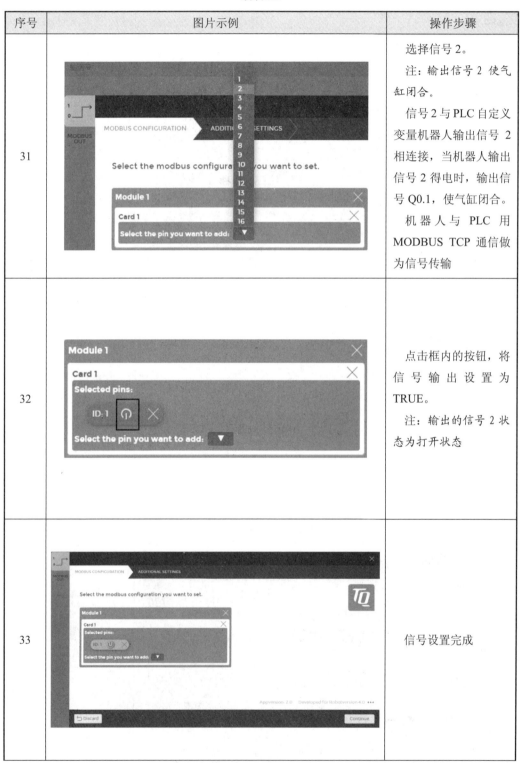	选择信号 2。 注：输出信号 2 使气缸闭合。 信号 2 与 PLC 自定义变量机器人输出信号 2 相连接，当机器人输出信号 2 得电时，输出信号 Q0.1，使气缸闭合。 机器人与 PLC 用 MODBUS TCP 通信做为信号传输
32		点击框内的按钮，将信号输出设置为 TRUE。 注：输出的信号 2 状态为打开状态
33		信号设置完成

续表 8.2

序号	图片示例	操作步骤
34	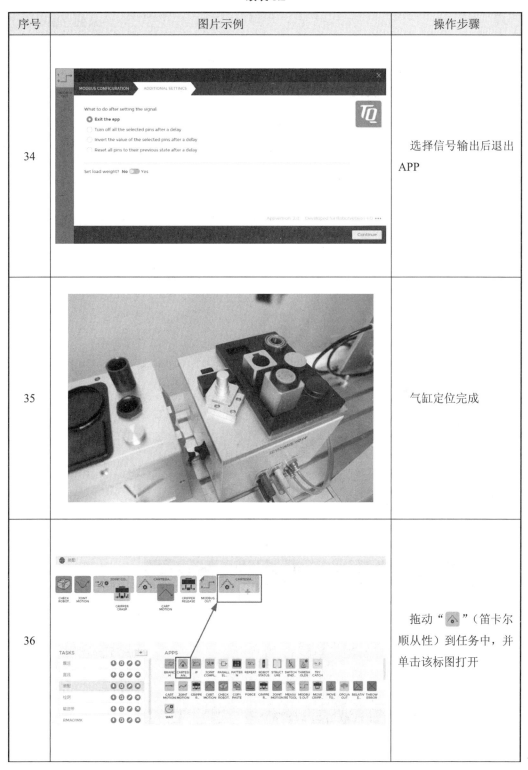	选择信号输出后退出 APP
35		气缸定位完成
36		拖动 "⟨图标⟩"（笛卡尔顺从性）到任务中，并单击该标图打开

续表 8.2

序号	图片示例	操作步骤
37	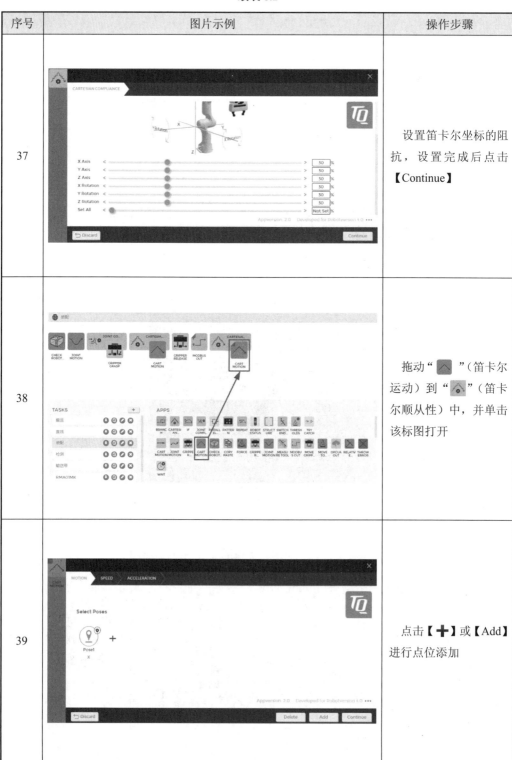	设置笛卡尔坐标的阻抗，设置完成后点击【Continue】
38		拖动"∧"（笛卡尔运动）到"⌂"（笛卡尔顺从性）中，并单击该标图打开
39		点击【十】或【Add】进行点位添加

续表 8.2

序号	图片示例	操作步骤
40		拖动机器人到安全点 2
41		点击【✚】或【Add】进行点位添加
42		拖动机器人到抓取点 2

续表 8.2

序号	图片示例	操作步骤
43	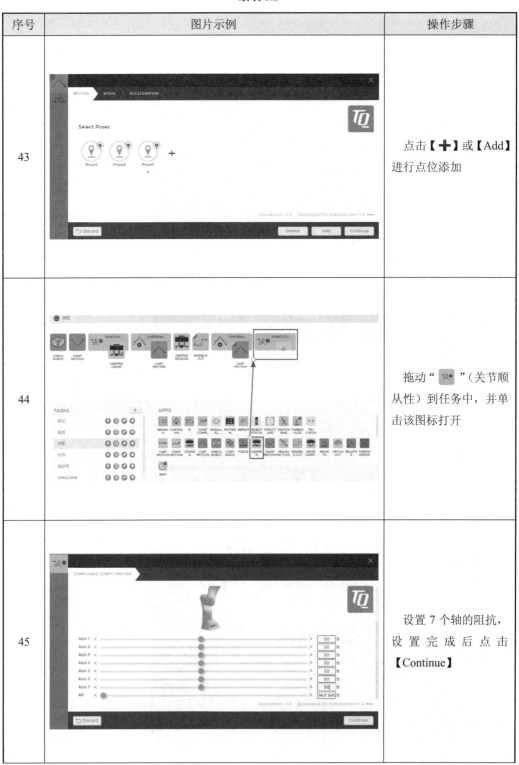	点击【+】或【Add】进行点位添加
44		拖动"次●"（关节顺从性）到任务中，并单击该图标打开
45		设置 7 个轴的阻抗，设置完成后点击【Continue】

续表 8.2

序号	图片示例	操作步骤
46	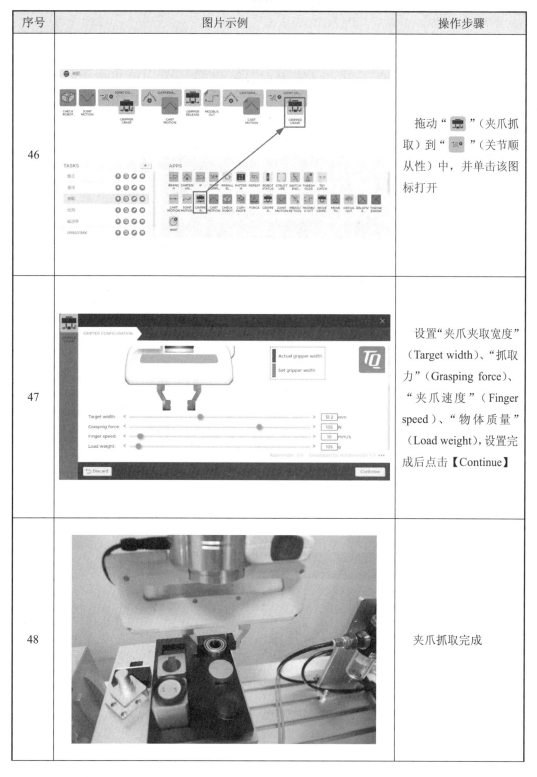	拖动"▪▪"（夹爪抓取）到"▪"（关节顺从性）中，并单击该图标打开
47		设置"夹爪夹取宽度"（Target width）、"抓取力"（Grasping force）、"夹爪速度"（Finger speed）、"物体质量"（Load weight），设置完成后点击【Continue】
48		夹爪抓取完成

193

续表 8.2

序号	图片示例	操作步骤
49	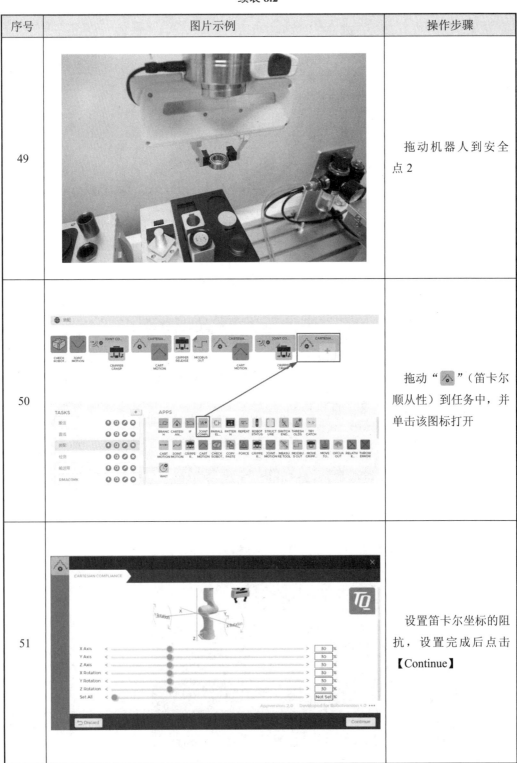	拖动机器人到安全点 2
50		拖动""（笛卡尔顺从性）到任务中，并单击该图标打开
51		设置笛卡尔坐标的阻抗，设置完成后点击【Continue】

续表 8.2

序号	图片示例	操作步骤
52	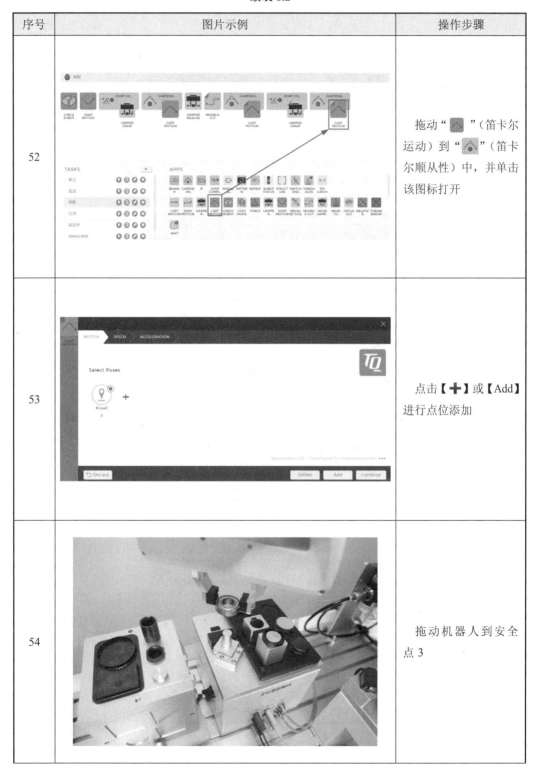	拖动""（笛卡尔运动）到""（笛卡尔顺从性）中，并单击该图标打开
53		点击【＋】或【Add】进行点位添加
54		拖动机器人到安全点 3

续表 8.2

序号	图片示例	操作步骤
55	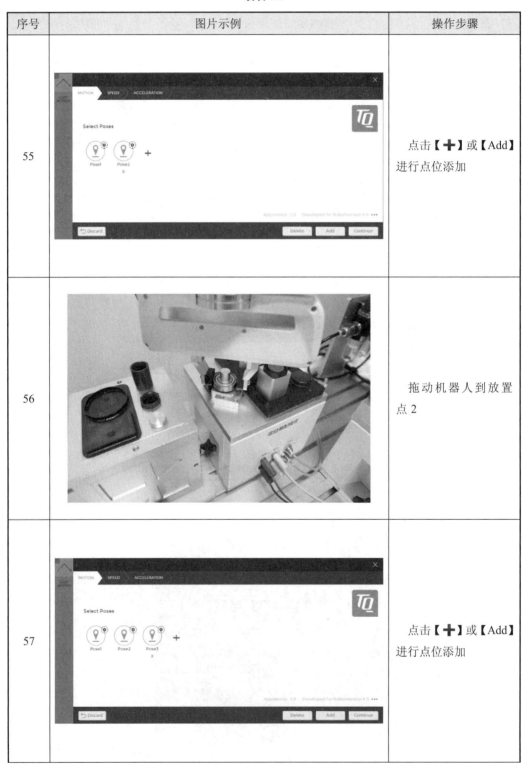	点击【＋】或【Add】进行点位添加
56		拖动机器人到放置点 2
57		点击【＋】或【Add】进行点位添加

续表 8.2

序号	图片示例	操作步骤
58	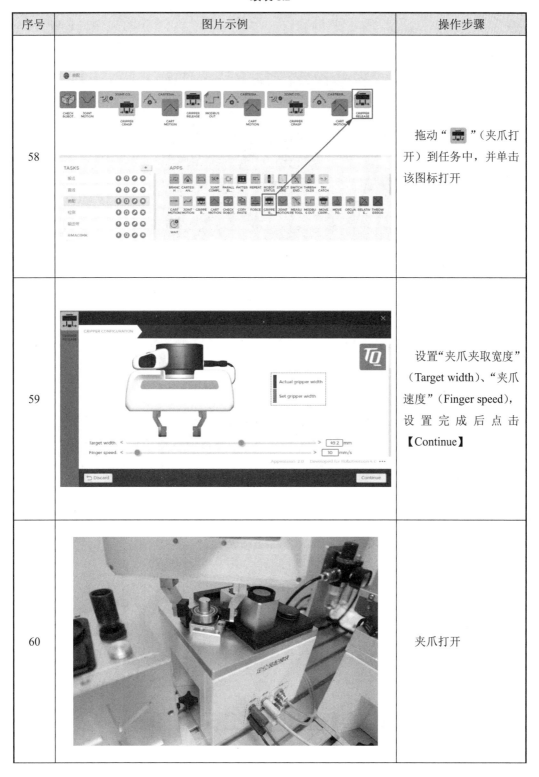	拖动"▦"(夹爪打开)到任务中,并单击该图标打开
59		设置"夹爪夹取宽度"(Target width)、"夹爪速度"(Finger speed),设置完成后点击【Continue】
60		夹爪打开

续表 **8.2**

序号	图片示例	操作步骤
61		拖动机器人到安全点 3
62		拖动""（关节运动）到任务中，并单击该图标打开
63		点击【＋】或【Add】进行点位添加

续表 8.2

序号	图片示例	操作步骤
64		拖动机器人到初始点
65		点击【＋】或【Add】进行点位添加
66		拖动 " ⊠ "（错误提示）到任务中，并单击该图标打开

续表 8.2

序号	图片示例	操作步骤
67	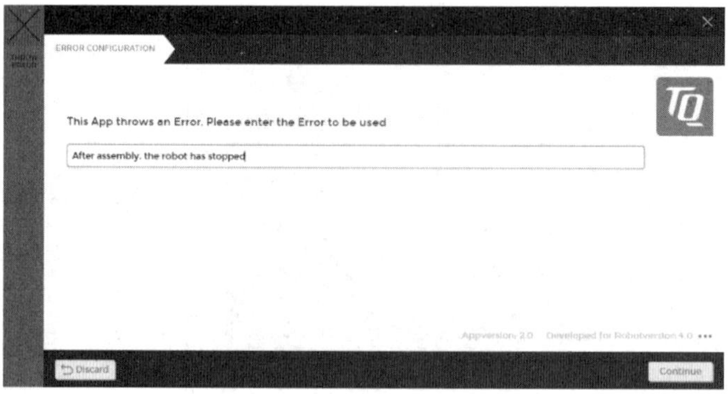	输入 After assembly, the robot has stopped。 注：此文本中不可输入中文字符
68	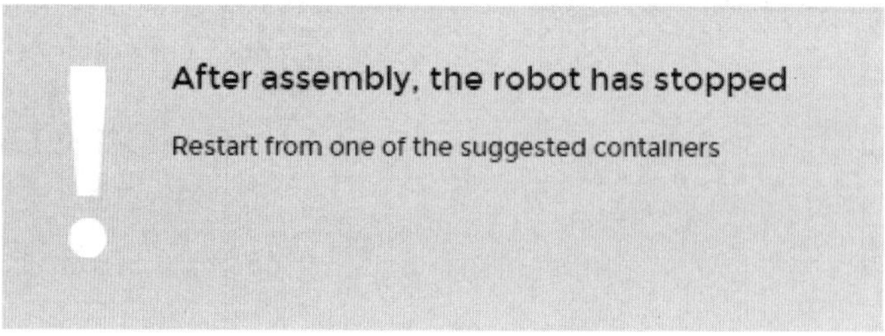	运行效果如左图所示
69	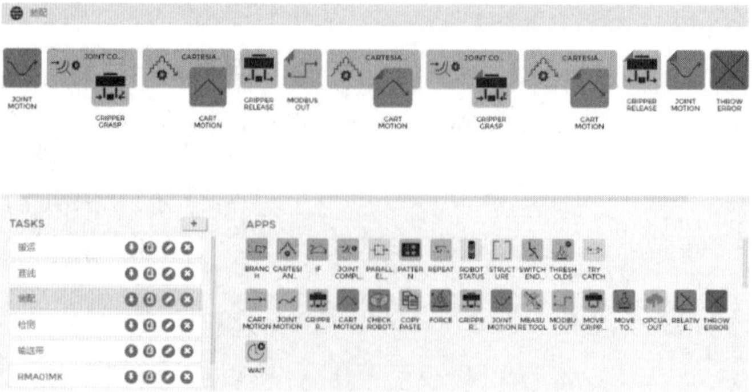	程序设计完成

8.4.4 关联程序设计

关联程序设计的操作步骤见表 8.3。

表 8.3 关联程序设计的操作步骤

序号	图片示例	操作步骤
1	PLC_1 CPU 1214C PN/IE_1: 192.168.1.110 / HMI_1 KTP700 Basic PN PN/IE_1: 192.168.1.120	应用西门子 PLC_1 CPU 1214C DC/DC/DC
2	%DB10 "MB_SERVER_DB" MB_SERVER EN — ENO false — DISCONNECT NDR — "Modbus_状态监测"."1" P#M100.0 WORD 2 — MB_HOLD_REG DR — "Modbus_状态监测"."2" "Modbus_IP".Static_1 — CONNECT ERROR — "Modbus_状态监测"."3" STATUS — "Modbus_状态监测"."4"	机器人作为客户端，PLC 作为服务器，通过 MODBUS TCP 进行通信
3	机器人输入信号1 Bool %M100.0 机器人输入信号2 Bool %M100.1 机器人输入信号3 Bool %M100.2 机器人输入信号4 Bool %M100.3 机器人输入信号5 Bool %M100.4 机器人输入信号6 Bool %M100.5 机器人输入信号7 Bool %M100.6 机器人输入信号8 Bool %M100.7 机器人输入信号9 Bool %M101.0 机器人输入信号10 Bool %M101.1 机器人输入信号11 Bool %M101.2 机器人输入信号12 Bool %M101.3 机器人输入信号13 Bool %M101.4 机器人输入信号14 Bool %M101.5 机器人输入信号15 Bool %M101.6 机器人输入信号16 Bool %M101.7	机器人输入信号如左图所示

201

续表 8.3

序号	图片示例	操作步骤
4	机器人输出信号1　Bool　%M102.0 机器人输出信号2　Bool　%M102.1 机器人输出信号3　Bool　%M102.2 机器人输出信号4　Bool　%M102.3 机器人输出信号5　Bool　%M102.4 机器人输出信号6　Bool　%M102.5 机器人输出信号7　Bool　%M102.6 机器人输出信号8　Bool　%M102.7 机器人输出信号9　Bool　%M103.0 机器人输出信号10　Bool　%M103.1 机器人输出信号11　Bool　%M103.2 机器人输出信号12　Bool　%M103.3 机器人输出信号13　Bool　%M103.4 机器人输出信号14　Bool　%M103.5 机器人输出信号15　Bool　%M103.6 机器人输出信号16　Bool　%M103.7	机器人输出信号如左图所示。 注：本项目应用"机器人输出信号 2"作为输出开启气缸的信号
5	Static 　Static_1　TCON_IP_v4 　　InterfaceId　HW_ANY　64 　　ID　CONN_OUC　255 　　ConnectionType　Byte　11 　　ActiveEstablished　Bool　0 　　RemoteAddress　IP_V4 　　　ADDR　Array[1..4] of Byte 　　　　ADDR[1]　Byte　0 　　　　ADDR[2]　Byte　0 　　　　ADDR[3]　Byte　0 　　　　ADDR[4]　Byte　0 　　RemotePort　UInt　0 　　LocalPort　UInt　502	MODBUS_TCP 通信 IP 地址如左图所示

8.4.5　项目程序调试

手动运行机器人的项目程序调试操作步骤见表 8.4。

表 8.4　手动运行机器人的操作步骤

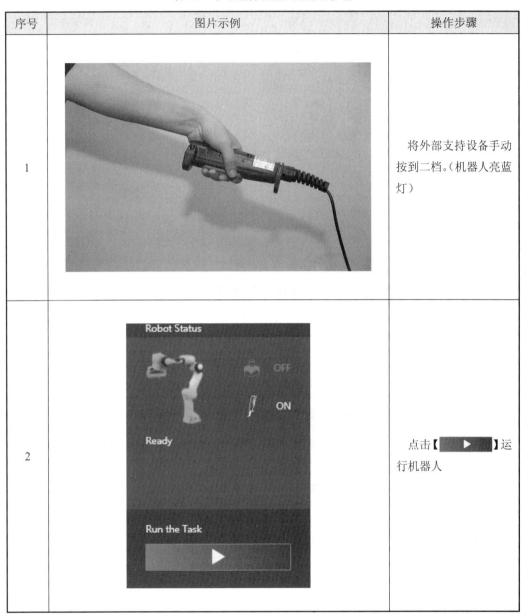

序号	图片示例	操作步骤
1		将外部支持设备手动按到二档。（机器人亮蓝灯）
2		点击【　▶　】运行机器人

8.4.6　项目总体运行

自动运行机器人的操作步骤见表 8.5。

表 8.5　自动运行机器人的操作步骤

序号	图片示例	操作步骤
1		将外部激活设备手动拉起。（机器人亮蓝灯）
2		点击【　▶　】运行机器人

8.5　项目验证

8.5.1　效果验证

项目运行完成后，得到的效果应如图 8.11 所示，夹爪从初始点运动到过渡点后，直线运动到抓取点 1，然后按照图 8.11 所示的路径进行运动，最后回到初始点。

※　工件装配项目验证及总结

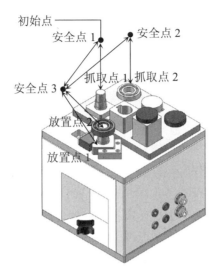

图 8.11　效果验证

8.5.2　数据验证

数据验证的操作步骤见表 8.6。

表 8.6　数据验证的操作步骤

序号	图片示例	操作步骤
1		点击右上角的【⚙】（设置按钮），然后再次点击【⚙】
2		随后可在弹出的界面看到任意一轴的数据，并且可以对任意一轴进行调试

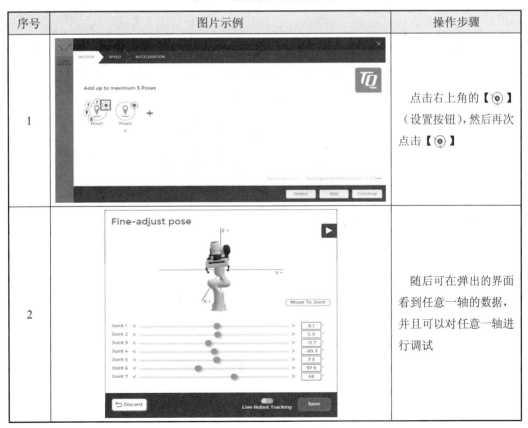

8.6 项目总结

8.6.1 项目评价

本项目主要讲解利用装配模块模拟工业现场流水线作业，通过本项目的学习，可了解或掌握以下内容：

（1）了解装配项目应用的场景及项目的意义。

（2）掌握机器人的动作流程。

（3）掌握项目所使用的 APP。

（4）掌握根据动作流程编写、调试及运行程序的方法。

8.6.2 项目拓展

通过本项目的学习，可以对项目进行以下的拓展：

通过对 Thresholds（阀值设定）、Force（力）、Cartesian Compliance（笛卡尔顺从性）、Joint Compliance（关节顺从性）等应用的设置使机器人从点 A 直接到达点 B，中间不需要任何辅助点，如图 8.12 所示。

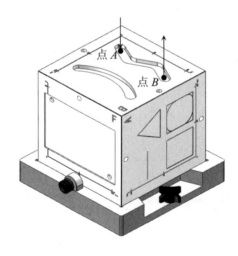

图 8.12 项目拓展

第 9 章　网关交互项目应用

9.1　项目概况

9.1.1　项目背景

  工业智能网关是一款具备挖掘工业设备数据并接入自主开发的云平台的智能嵌入式网络设备。它具备数据采集、协议解析、边缘计算、5G/4G/3G/wifi 数据传输和接入工业云平台的功能。图 9.1 所示为机器人所连接的智能网关模块。

✺　网关交互项目概况及分析

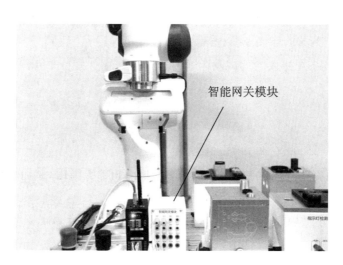

图 9.1　智能网关模块

9.1.2　项目需求

  本项目基于 OPC/UA 通信协议（开放平台通信统一体系结构），将机器人的数据输送到智能网关中，如图 9.2 所示。

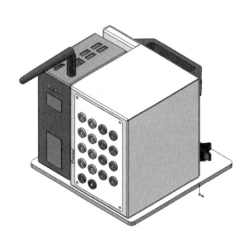

图 9.2　智能网关

9.1.3　项目目的

在本项目的学习训练中需实现以下目的：

（1）了解智能网关应用的场景及项目的意义。

（2）熟悉智能网关的连接及编程。

（3）掌握 OPC/UA 协议的调试及运行。

9.2　项目分析

9.2.1　项目构架

本项目是通过 OPC/UA 协议使网关与 FRANKA 机器人通信，从而使网关可以直接读取机器人的系统数据。

注意：需要将网关的网线与及机器人本体的网线都插到交换机。

9.2.2　项目流程

在基于 OPC/UA 协议的网关交互项目实施过程中，需要包含以下环节：

（1）对项目进行分析，可知此项目需实现智能网关连接和编程的操作。

（2）创建程序，编写程序，调试检查程序，确认无误后运行程序，观察程序运行结果。

整体的网关交互项目流程如图 9.3 所示。

图 9.3　项目流程

9.3　项目要点

9.3.1　OPC/UA 通信协议

OPC/UA 可使在不同平台（例如 Windows、Mac 或 Linux）上运行的工业设备相互通信。而且，OPC/UA 超越了工业以太网的范围，包括从自动化金字塔最低层开始的设备→处理诸如传感器、执行器和电机等现实世界数据的现场设备→最高层，包括例如 SCADA（监控和数据采集）、MES（制造执行系统）、ERP（企业资源计划）系统以及云计算。

❋　网关交互项目要点及步骤

9.3.2　智能网关应用基础

EnGateWay 智能网关是用于生产环节数据采集、处理和传输的开放性网关平台，是实现企业 IT 层和生产系统之间互联的理想网关。EnGateWay 智能网关作为中间层数据接口设备，可实现双向通信，一方面支持广泛的数据采集方式，从而在云平台进行数据分析，另一方面可以把云平台分析处理后的数据传送给生产控制设备。这种连续的数据传输使生产优化过程形成控制闭环。

9.4 项目步骤

9.4.1 应用系统连接

HRG-HD1XKE 型工业机器人技能考核实训台包含一系列实训模块用于实操训练，在项目编程前需要安装网关交互实训模块和所需工具，应用系统连接如图 9.4 所示。

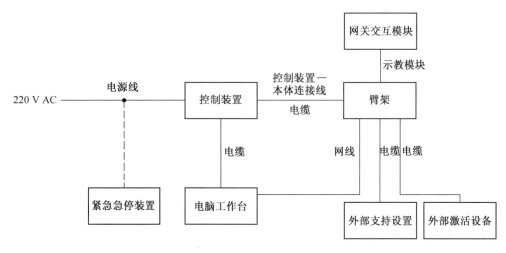

图 9.4 应用系统连接

9.4.2 应用系统配置

本项目无需应用项目配置。

9.4.3 主体程序设计

主体程序设计的操作步骤见表 9.1。

表 9.1 主体程序设计的操作步骤

序号	图片示例	操作步骤
1		双击打开 Ua 专家（Ua Expert）
2		右击左上角【Servers】，左键点击【Add】。注：机器人作为服务器端

续表 9.1

序号	图片示例	操作步骤
3	Add Server Configuration Name Discovery Advanced Endpoint Filter: No Filter Local Local Network Reverse Discovery Custom Discovery < Double click to Add Server... > opc.tcp://192.168.0.1 opc.tcp://192.168.1.10 Recently Used Authentication Settings Anonymous Username Password Store Certificate Private Key Connect Automatically OK Cancel	点击【Custom Discovery】，点开下拉菜单后选择机器人 IP。 注：这里选择 opc. tcp://192.168.1.10，是因为设备需要在同一网段连接
4	Replaced Hostname × The hostname of the discovery URL used to call GetEndpoints () was replaced by the hostname used to call FindServers (192.168.1.10). Do you also want to replace the hostnames of the EndpointURLs with this hostname? Yes No	点开 IP 地址下拉菜单后点击【YES】
5	Add Server Configuration Name open62541-based OPC UA Application Discovery Advanced Endpoint Filter: No Filter Local Local Network Reverse Discovery Custom Discovery < Double click to Add Server... > opc.tcp://192.168.0.1 opc.tcp://192.168.1.10 open62541-based OPC UA Application (opc.tcp) None - None (uatcp-uasc-uabinary) Basic256Sha256 - Sign (uatcp-uasc-uabinary) Basic256Sha256 - Sign & Encrypt (uatcp-uasc-uabinary) Recently Used Authentication Settings Anonymous Username TQSH Store Password ●●●●●●●●●●● Certificate Private Key Connect Automatically OK Cancel	点开后选择【None-None（uatcp-uasc-uabinary）】，同时在下方选择用户名（Username），并输入用户名和密码（Password），然后点击【OK】

211

续表 9.1

序号	图片示例	操作步骤
6	Configuration already existing ✕ The 'Recently Used' list already contains a server configuration with this name that differs from the current one. Press OK to overwrite it, press Cancel to return for changing the configuration name. OK　　Cancel	点击【OK】
7	Unified Automation UaExpert - The OPC Unifie File View Server Document Settings H Project　□ ✕ ∨ 📁 Project 　∨ 📁 Servers 　　🔍 open62541-based OPC UA Applic 　∨ 📁 Documents 　　📄 Data Access View	服务器选择完成
8	Unified Automation UaExpert - The OPC Unifi File View Server Document Settings H Project　□ ✕ ∨ 📁 Project 　∨ 📁 Servers 　　🔍 open62541-based OPC UA Applic 　∨ 📁 Docu　➖ Remove 　　📄 D　　◇ Connect 　　　　✕ Disconnect 　　　　🔍 Properties... 　　　　👤 Change User...	右击刚刚选择的服务器，点击【Connect】

212

续表 9.1

序号	图片示例	操作步骤
9	Certificate Validation ? × Validating the certificate of server 'open62541-based OPC UA Application' returned an error: BadCertificateChainIncomplete Certificate Chain Name — Trust Status robot.franka.de — Trusted Certificate Details Errors Error — unable to get local issuer certificate [BadCertificateChainIncom... Error — unable to get certificate CRL [BadCertificateRevocationUnknown] Error — unable to verify the first certificate [BadCertificateChainIncompl... Subject Common Name — robot.franka.de Organization OrganizationUnit Locality State Country DomainComponent Issuer Common Name — SwissSign Server Silver CA 2014 - G22 Organization — SwissSign AG OrganizationUnit Locality State Country — CH DomainComponent Validity Valid From — 周三 3月 11 18:11:49 2020 Trust Server Certificate ☑ Accept the server certificate temporarily for this session Continue Cancel	勾选【Accept the server certificate temporarily for this session】然后点击【Continue】
10	Connect Error × ⚠ Error 'BadSecurityModeInsufficient' was returned during ActivateSession, press 'Ignore' to suppress the error and continue connecting. Ignore Abort	点击【Ignore】
11	Unified Automation UaExpert - The OPC Unifi File View Server Document Settings H Project ▽ Project 　▽ Servers 　　 open62541-based OPC UA Applic 　▽ Documents 　　 Data Access View Address Space ↻ No Highlight 📁 Root 　▽ 📁 Objects 　　> 📁 Robot 　　> ⚙ Server 　> 📁 Types 　> 📁 Views	服务器连接完成

213

续表 9.1

序号	图片示例	操作步骤
12		点开【Root】，然后找到【ExecutionControl】
13		左键点住【JointAngles】拖到【Data Access View】中
14		双击"Value"下方的值，可以查看详细信息。 注：如果没有数值，需要运行一下机器人

续表 9.1

序号	图片示例	操作步骤
15	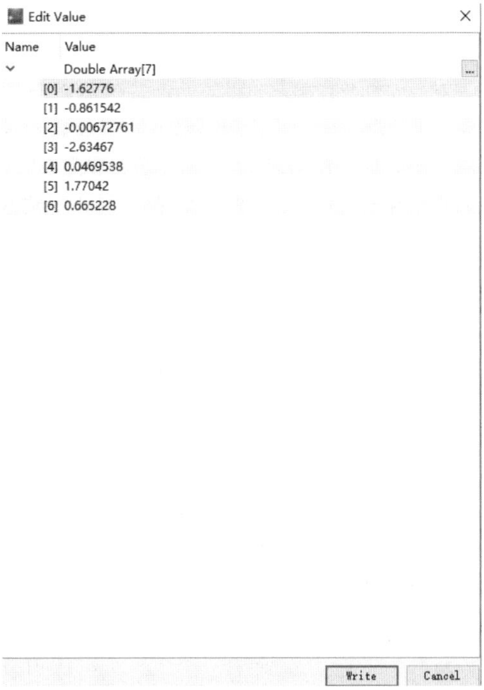	所显示的 JointAngles 数据如左图所示
16	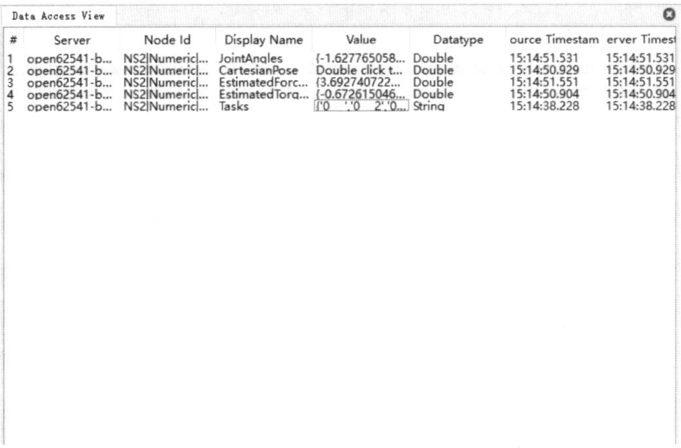	将 " CartesianPose " " EstimatedForces " " Esti-matedTorques " " Tasks " 依 次 拖 到 "Data Access View" 中
17	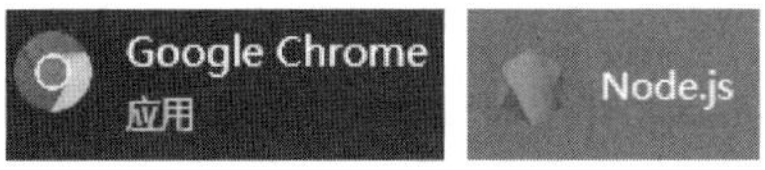	当操作配置网关时，需要打开浏览器和网关进行连接。双击打开浏览器。注：在连接前需要安装 Node.js 插件

215

续表 9.1

序号	图片示例	操作步骤
18		输入网址：http://192.168.1.190:1880/
19		打开 Node-red 后，将左侧的 inject 拖到流程 1 中
20		双击【inject】打开编辑 inject 节点，然后在名称栏中输入"关节角度"，在"msg."后面输入"topic"，然后输入 NodeID "ns=2;i=7018"

续表 9.1

序号	图片示例	操作步骤
21	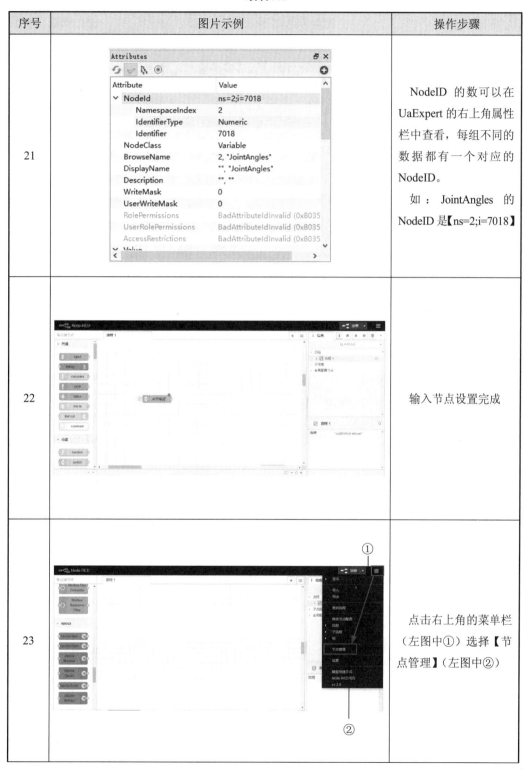	NodeID 的数可以在 UaExpert 的右上角属性栏中查看，每组不同的数据都有一个对应的 NodeID。 如： JointAngles 的 NodeID 是【ns=2;i=7018】
22		输入节点设置完成
23		点击右上角的菜单栏（左图中①）选择【节点管理】（左图中②）

续表 9.1

序号	图片示例	操作步骤
24		打开"节点管理"后点击选择【安装】，然后搜索 OPC，在下方选择【node-red-contrib-opcua】点击【安装】
25		安装完成后在左侧找到 opcua 一栏选择下面的【OpcUa-Client】节点则【OpcUa-Client】节点设置完成。注：用【OpcUa-Client】节点做 OPC 的连接
26		双击打开【OpcUa-Client】节点，然后在 Endpoint 后面输入 IP "opc.tcp://192.168.1.10:4840/"

续表 9.1

序号	图片示例	操作步骤
27	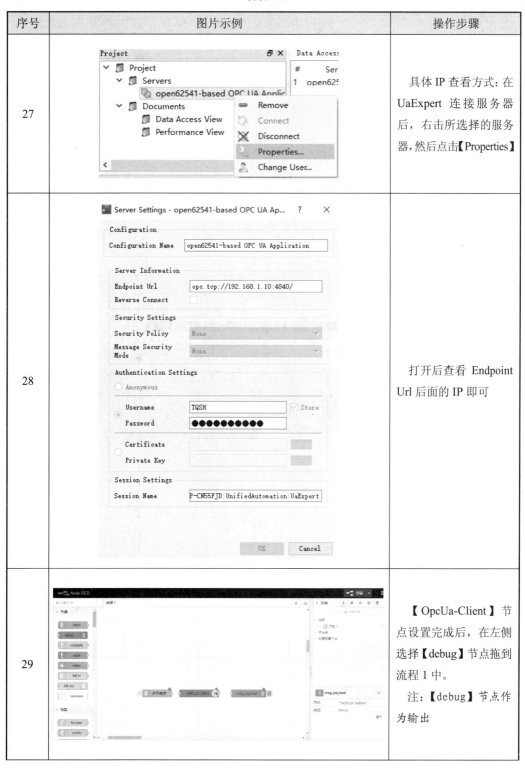	具体 IP 查看方式: 在 UaExpert 连接服务器后, 右击所选择的服务器,然后点击【Properties】
28		打开后查看 Endpoint Url 后面的 IP 即可
29		【OpcUa-Client】节点设置完成后, 在左侧选择【debug】节点拖到流程 1 中。 注:【debug】节点作为输出

续表 9.1

序号	图片示例	操作步骤
30	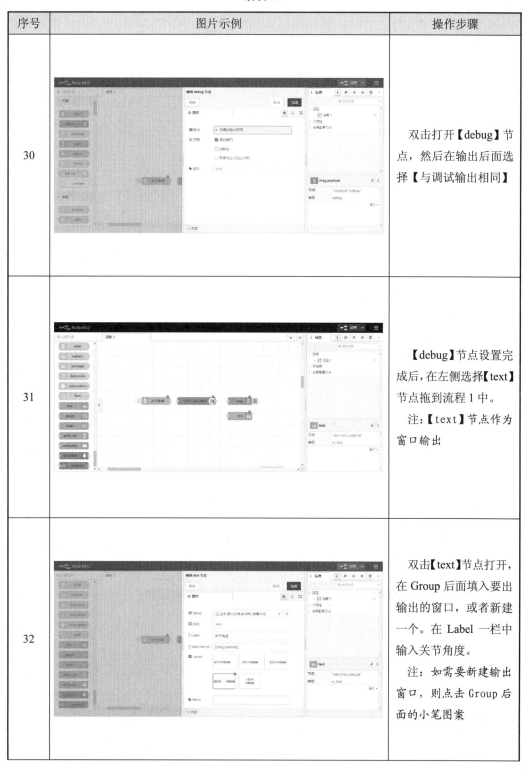	双击打开【debug】节点，然后在输出后面选择【与调试输出相同】
31		【debug】节点设置完成后，在左侧选择【text】节点拖到流程1中。 注：【text】节点作为窗口输出
32		双击【text】节点打开，在 Group 后面填入要出输出的窗口，或者新建一个。在 Label 一栏中输入关节角度。 注：如需要新建输出窗口，则点击 Group 后面的小笔图案

续表 9.1

序号	图片示例	操作步骤
33	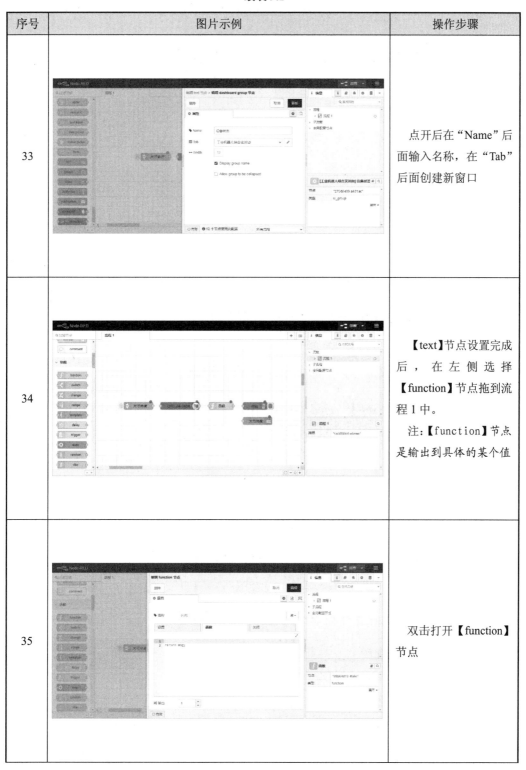	点开后在 "Name" 后面输入名称，在 "Tab" 后面创建新窗口
34		【text】节点设置完成后，在左侧选择【function】节点拖到流程 1 中。 　注：【function】节点是输出到具体的某个值
35		双击打开【function】节点

续表 9.1

序号	图片示例	操作步骤
36	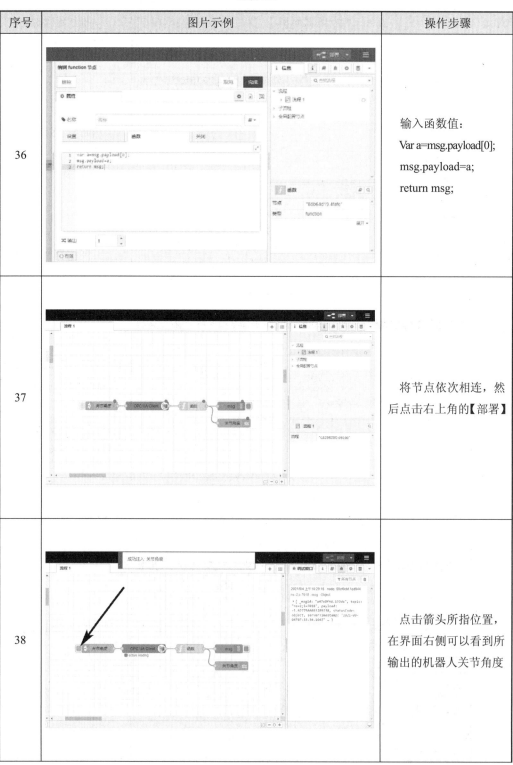	输入函数值： Var a=msg.payload[0]; msg.payload=a; return msg;
37		将节点依次相连，然后点击右上角的【部署】
38		点击箭头所指位置，在界面右侧可以看到所输出的机器人关节角度

续表 9.1

序号	图片示例	操作步骤
39	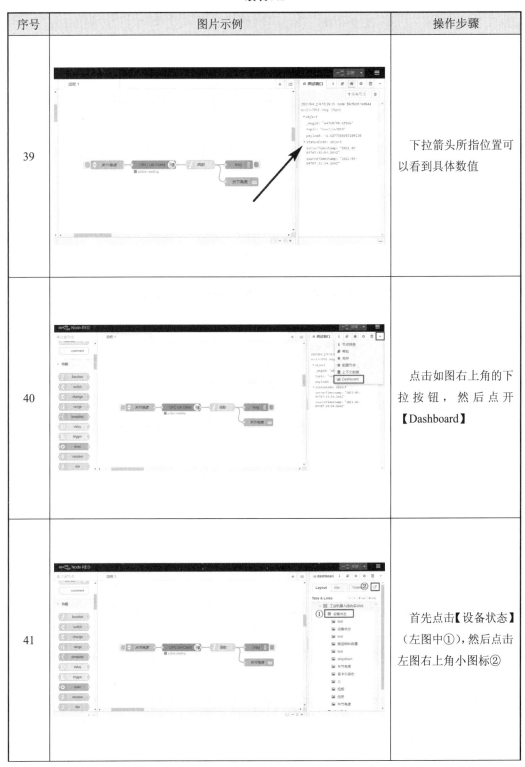	下拉箭头所指位置可以看到具体数值
40		点击如图右上角的下拉按钮，然后点开【Dashboard】
41		首先点击【设备状态】（左图中①），然后点击左图右上角小图标②

续表 9.1

序号	图片示例	操作步骤
42	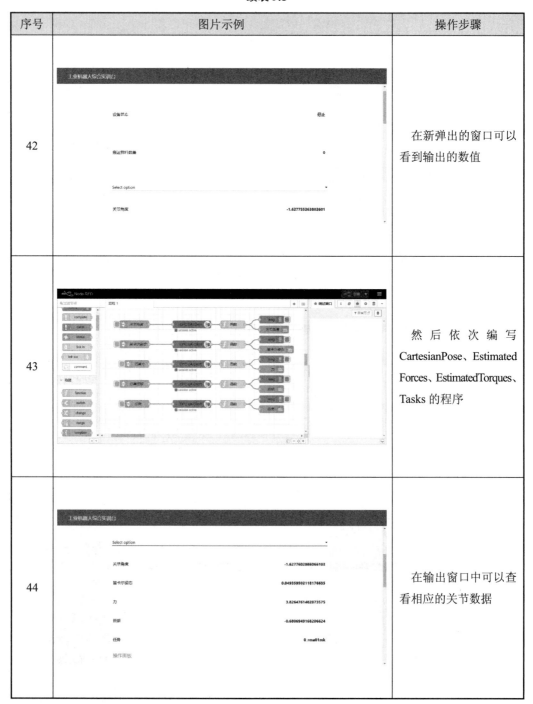	在新弹出的窗口可以看到输出的数值
43		然后依次编写 CartesianPose、Estimated Forces、EstimatedTorques、Tasks 的程序
44		在输出窗口中可以查看相应的关节数据

9.4.4 关联程序设计

本项目无需关联程序设计。

9.4.5　项目程序调试

手动运行机器人的操作步骤见表 9.2。

表 9.2　手动运行机器人的操作步骤

序号	图片示例	操作步骤
1		将外部支持设备手动按到二档。(机器人亮蓝灯)
2		点击【 ▶ 】运行机器人
3		在 UaExpert 中得到数值

9.4.6　项目总体运行

自动运行机器人的操作步骤见表 9.3。

表 9.3　自动运行机器人的操作步骤

序号	图片示例	操作步骤
1		将外部激活设备手动拉起。（机器人亮蓝灯）
2		点击【　▶　】运行机器人
3		在 UaExpert 中得到数值

9.5　项目验证

9.5.1　效果验证

通过上述讲解可以在网关中读取机器人的系统数据，并在窗口中输出。

✳　网关交互项目验证及总结

9.5.2　数据验证

数据验证的操作步骤见表 9.4。

表 9.4　数据验证的操作步骤

序号	图片示例	操作步骤
1	TASKS　+ 搬运　🔽🔒✏️❌ 直线　🔽🔒✏️❌ 装配　🔽🔒✏️❌ 检测　🔽🔒✏️❌ 输送带　🔽🔒✏️❌ RMA01MK　🔽🔒✏️❌ RMA02MK　🔽🔒✏️❌	首先打开机器人工作台，可以在任务中看到 RMA01MK。 注：中文在 Node-red 中不显示
2	Data Access View #　Server　Node Id　Display Name　Value　Datatype　ource Timestam erver Timest 1 open62541-b... NS2|Numeric|... JointAngles {-1.627765058... Double 15:14:51.531 15:14:51.531 2 open62541-b... NS2|Numeric|... CartesianPose Double click t... Double 15:14:50.929 15:14:50.929 3 open62541-b... NS2|Numeric|... EstimatedForc... (3.692740722... Double 15:14:51.551 15:14:51.551 4 open62541-b... NS2|Numeric|... EstimatedTorq... (-0.672615046... Double 15:14:50.904 15:14:50.904 5 open62541-b... NS2|Numeric|... Tasks ('0　'0　'2　'0... String 15:14:38.228 15:14:38.228	将 TASKS 依次拖到 "Data Access View" 中
3	🦊　🌐	双击打开浏览器（若遇卡顿可更换浏览器）

227

续表 9.4

序号	图片示例	操作步骤
4		输入网址：http://192.168.1.190:1880/
5	2021/9/4 下午3:04:44　node: 374f9fe0.83e62 ns=2,i=6016 : msg : Object ▼object 　_msgid: "744c341.0733acc" 　topic: "ns=2;i=6016" 　payload: "0_rma01mk" 　▼statusCode: object 　　value: 0 　serverTimestamp: "2021-09-04T12:09:22.843Z" 　sourceTimestamp: "2021-09-04T12:09:22.843Z"	在 Node-red 中可以看到"Payload: 0-rma01mk"
6		然后依次编写 CartesianPose、Estimated Forces、EstimatedTorques、Tasks 的程序
7		在输出窗口中可以查看关节数据

228

9.6 项目总结

9.6.1 项目评价

本项目主要讲解利用 OPC/UA 协议使智能网关读取机器人的数值,通过本项目的学习,可了解或掌握以下内容:

(1)了解网关交互项目应用的场景及项目的意义。

(3)掌握项目所使用的软件。

(4)掌握网关编写、调试及运行程序的方法。

9.6.2 项目拓展

通过本项目的学习,可以对项目进行以下的拓展:

通过网关输入信号 CloseBrakes 和 OpenBrakes 来远程控制机器人关节锁,如图 9.5 所示。

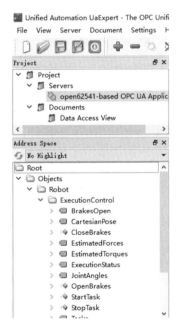

图 9.5 项目拓展

参 考 文 献

[1] 张明文. 智能协作机器人技术应用初级教程（遨博）[M]. 哈尔滨：哈尔滨工业大学出版社，2020.

[2] 张明文. 工业机器人技术基础及应用[M]. 哈尔滨：哈尔滨工业大学出版社，2017.

[3] 张明文. 工业机器人入门实用教程：FANUC 机器人[M]. 哈尔滨：哈尔滨工业大学出版社，2017.

[4] 张明文. 工业机器人知识要点解析：ABB 机器人[M]. 哈尔滨：哈尔滨工业大学出版社，2017.

先进制造业学习平台

先进制造业职业技能学习平台
工业机器人教育网（www.irobot-edu.com）

先进制造业互动教学平台
海渡职校APP

一键下载
收入口袋

专业的教育平台	先进制造业垂直领域在线教育平台
更轻的学习方式	随时随地、无门槛实时线上学习
全维度学习体验	理论加实操，线上线下无缝对接
更快的成长路径	与百万工程师在线一起学习交流

领取专享积分

下载"海渡职校APP"，进入"学问"—"圈子"，
晒出您与本书的合影或学习心得，即可领取超额积分。

积分兑换

专家课程

实体书籍

实物周边

线下实操

步骤一

登录"工业机器人教育网"
www.irobot-edu.com，菜单栏单击【职校】

步骤二

单击菜单栏【在线学堂】下方找到您需要的课程

步骤三

课程内视频下方单击【课件下载】

教学课件下载步骤

咨询与反馈

尊敬的读者：

感谢您选用我们的教材！

本书有丰富的配套教学资源，在使用过程中，如有任何疑问或建议，可通过邮件（edubot@hitrobotgroup.com）或扫描右侧二维码，在线提交咨询信息。

全国服务热线：400-6688-955

（教学资源建议反馈表）

先进制造业人才培养丛书

■ 工业机器人

教材名称	主编	出版社
工业机器人技术人才培养方案	张明文	哈尔滨工业大学出版社
工业机器人基础与应用	张明文	机械工业出版社
工业机器人技术基础及应用	张明文	哈尔滨工业大学出版社
工业机器人专业英语	张明文	华中科技大学出版社
工业机器人入门实用教程(ABB机器人)	张明文	哈尔滨工业大学出版社
工业机器人入门实用教程(FANUC机器人)	张明文	哈尔滨工业大学出版社
工业机器人入门实用教程(汇川机器人)	张明文、韩国震	哈尔滨工业大学出版社
工业机器人入门实用教程(ESTUN机器人)	张明文	华中科技大学出版社
工业机器人入门实用教程(SCARA机器人)	张明文、于振中	哈尔滨工业大学出版社
工业机器人入门实用教程(珞石机器人)	张明文、曹华	化学工业出版社
工业机器人入门实用教程(YASKAWA机器人)	张明文	哈尔滨工业大学出版社
工业机器人入门实用教程(KUKA机器人)	张明文	人民邮电出版社
工业机器人入门实用教程(EFORT机器人)	张明文	华中科技大学出版社
工业机器人入门实用教程(COMAU机器人)	张明文	哈尔滨工业大学出版社
工业机器人入门实用教程(配天机器人)	张明文、索利洋	哈尔滨工业大学出版社
工业机器人知识要点解析(ABB机器人)	张明文	哈尔滨工业大学出版社
工业机器人知识要点解析(FANUC机器人)	张明文	机械工业出版社
工业机器人编程及操作(ABB机器人)	张明文	哈尔滨工业大学出版社
工业机器人编程操作(ABB机器人)	张明文、于霜	人民邮电出版社
工业机器人编程操作(FANUC机器人)	张明文	人民邮电出版社
工业机器人编程基础(KUKA机器人)	张明文、张宋文、付化举	哈尔滨工业大学出版社
工业机器人离线编程	张明文	华中科技大学出版社
工业机器人离线编程与仿真(FANUC机器人)	张明文	人民邮电出版社
工业机器人原理及应用(DELTA并联机器人)	张明文、于振中	哈尔滨工业大学出版社
工业机器人视觉技术及应用	张明文、王璐欢	人民邮电出版社
智能机器人高级编程及应用(ABB机器人)	张明文、王璐欢	机械工业出版社
工业机器人运动控制技术	张明文、于霜	机械工业出版社
工业机器人系统技术应用	张明文、顾三鸿	哈尔滨工业大学出版社
机器人系统集成技术应用	张明文、何定阳	哈尔滨工业大学出版社
工业机器人与视觉技术应用初级教程	张明文、何定阳	哈尔滨工业大学出版社

■ 智能制造

教材名称	主编	出版社
智能制造与机器人应用技术	张明文、王璐欢	机械工业出版社
智能控制技术专业英语	张明文、王璐欢	机械工业出版社
智能制造技术及应用教程	谢力志、张明文	哈尔滨工业大学出版社
智能运动控制技术应用初级教程(翠欧)	张明文	哈尔滨工业大学出版社
智能协作机器人入门实用教程(优傲机器人)	张明文、王璐欢	机械工业出版社
智能协作机器人技术应用初级教程(遨博)	张明文	哈尔滨工业大学出版社
智能移动机器人技术应用初级教程(博众)	张明文	哈尔滨工业大学出版社
智能制造与机电一体化技术应用初级教程	张明文	哈尔滨工业大学出版社
PLC编程技术应用初级教程(西门子)	张明文	哈尔滨工业大学出版社

教材名称	主编	出版社
智能视觉技术应用初级教程(信捷)	张明文	哈尔滨工业大学出版社
智能制造与PLC技术应用初级教程	张明文	哈尔滨工业大学出版社
智能协作机器人技术应用初级教程(法奥)	王超、张明文	哈尔滨工业大学出版社
智能力控机器人技术应用初级教程(思灵)	陈兆芃、张明文	哈尔滨工业大学出版社
智能协作机器人技术应用初级教程(FRANKA)	[德国]刘恩德、张明文	哈尔滨工业大学出版社

■ 工业互联网

教材名称	主编	出版社
工业互联网人才培养方案	张明文、高文婷	哈尔滨工业大学出版社
工业互联网与机器人技术应用初级教程	张明文	哈尔滨工业大学出版社
工业互联网智能网关技术应用初级教程(西门子)	张明文	哈尔滨工业大学出版社
工业互联网数字孪生技术应用初级教程	张明文、高文婷	哈尔滨工业大学出版社
工业互联网智能网关技术应用初级教程	吴永新、张明文、王伟	哈尔滨工业大学出版社

■ 人工智能

教材名称	主编	出版社
人工智能人才培养方案	张明文	哈尔滨工业大学出版社
人工智能技术应用初级教程	张明文	哈尔滨工业大学出版社
人工智能与机器人技术应用初级教程(e.Do教育机器人)	张明文	哈尔滨工业大学出版社